# Vorwort



GESCHAFFT! DIE EINLADUNG ZUM JOBINTERVIEW LIEGT AUF DEM TISCH BEZIEHUNGSWEISE SCHEINT DIR VOM DISPLAY ENTGEGEN. ABER WAS NUN? DU HAST KEINE AHNUNG, WER ODER WAS DICH BEIM INTERVIEW ERWARTET. DU FRAGST DICH, WIE DU DICH AM BESTEN AUF DEN TERMIN VORBEREITEN KANNST. WAS SOLLST DU ANZIEHEN? WIE SOLLST DU DICH VERHALTEN? WELCHE FRAGEN STELLST DU AM BESTEN? UND WELCHE INTERVIEWFORMEN GIBT ES ÜBERHAUPT? KEINE PANIK, DU KANNST DICH JETZT GANZ ENTSPANNT ZURÜCKLEHNEN. IN DIESEM BUCH HABEN WIR DIE BESTEN TIPPS UND TRICKS AUS DER PRAXIS ZUSAMMENGETRAGEN, DAMIT *DEIN* NÄCHSTES INTERVIEW VON ERFOLG GEKRÖNT WIRD. WIE TICKEN RECRUITER EIGENTLICH? WAS WOLLEN SIE VON DIR HÖREN,

UND WIE KANNST DU SIE BEEINDRUCKEN? VON DER VORBEREITUNG UND DER BEGRÜSSUNG ÜBER DEN INTERVIEWVERLAUF BIS HIN ZU ABSCHIED UND NACHBEREITUNG – EXPERTEN TEILEN IHR INSIDERWISSEN UND GEBEN DIR EINE VIELZAHL VON GUTEN RATSCHLÄGEN UND PRAKTISCHEN ÜBUNGEN MIT AUF DEN WEG.
AUCH WENN ES AUF DEN ERSTEN BLICK VIELLEICHT ERSCHRECKEND IST, AUF WAS DU BEIM INTERVIEW ALLES ACHTEN SOLLTEST – OUTFIT, KÖRPERSPRACHE, MIMIK, STIMME, FRAGEN, INHALTE, ETC. –, MIT EIN BISSCHEN ÜBUNG MEISTERST DU DEINEN NÄCHSTEN INTERVIEWTERMIN MIT BRAVOUR. KEIN KANDIDAT IST PERFEKT. HAUPTSACHE, DU PRÄSENTIERST DICH AUTHENTISCH, POSITIV UND SELBSTBEWUSST, DANN KANN KAUM NOCH ETWAS SCHIEFGEHEN.

BLEIBE VOR ALLEM DU SELBST! STATT EINER AUFGESETZTEN PERSÖNLICHKEIT WILL DEIN ZUKÜNFTIGER ARBEITGEBER VOR ALLEM *DICH* KENNENLERNEN. UND DU WILLST FESTSTELLEN, OB DAS UNTERNEHMEN *DIR* ETWAS ZU BIETEN HAT, WOFÜR ES SICH LOHNT, JEDEN MORGEN AUFZUSTEHEN. ALSO GEH INS JOBINTERVIEW WIE AUF EIN ERSTES DATE: ZEIGE DICH VON DEINER BESTEN SEITE, OHNE DICH ZU VERSTELLEN, STELL DIE RICHTIGEN FRAGEN, UM ZU ERFAHREN, OB IHR ZUSAMMENPASST, UND SEI OFFEN FÜR DAS, WAS KOMMT.

VIEL ERFOLG!
MARTINA MANGELSDORF

# Inhalt

## 1 DIE ENTSCHEIDER
Wer sie sind und was sie wollen



## 2 VOR DEM GESPRÄCH
Wie du dich fit machst fürs Jobinterview



## 3 INTERVIEW IST NICHT GLEICH INTERVIEW
Was auf dich zukommen kann



## 4 UND REIN INS VERGNÜGEN!
Wie du dich von deiner besten Seite zeigst

# Die Ent scheider

# *WER SIE SIND UND WAS SIE WOLLEN*

## EINLEITUNG

DU HAST EIN JOBINTERVIEW VOR DIR UND FÜHLST DICH WIE AUF DEM WEG IN DIE HÖHLE DES LÖWEN? UNBEKANNTES TERRAIN. HAIFISCHBECKEN. ABER NICHT JEDER FISCH, DER DARIN SCHWIMMT, IST GEFÄHRLICH. IM GEGENTEIL. DIE ENTSCHEIDUNGSTRÄGER AUF FIRMENSEITE SIND AUCH NUR MENSCHEN. DABEI TRIFFST DU WÄHREND DEINER INTERVIEWS IN DER REGEL AUF VIER TYPEN VON FIRMENVERTRETERN: DEN RECRUITER, EINEN PERSONALER, DEN HIRING MANAGER UND ANDERE STAKEHOLDER. IM VERLAUF EINES EINSTELLUNGSPROZESSES VERFOLGT JEDER DIESER ENTSCHEIDER SEINE EIGENEN ZIELE, UND ES KANN NICHT SCHADEN, DIE ZU KENNEN!

»Du musst deinen Feind kennen, um ihn zu deinem Freund zu machen.« Bei der Vorbereitung auf das Interview ist es besonders wichtig, dich über die beteiligten Entscheidungsträger zu informieren. Während in kleinen Firmen Recruiter und Personaler oft ein und dieselbe Person sind, gibt es in größeren Unternehmen eine spezialisiertere Rollenverteilung, und nicht jeder Personalreferent ist auch als Recruiter aktiv. Dennoch sind die Referenten in der Regel am Auswahlprozess neuer Mitarbeiter beteiligt. Als Hiring Manager wird derjenige Vorgesetzte bezeichnet, der in seiner Abteilung eine offene Stelle hat, die zu besetzen ist. Alle übrigen Interviewer sind andere Stakeholder, die dabei helfen sollen, die Eignung von Bewerbern einzuschätzen.

# Der Recruiter

Der Recruiter ist der Erste, der eine Bewerbung zu sehen bekommt und entscheidet, ob sie überhaupt die Mindestanforderungen erfüllt, um dem Hiring Manager vorgelegt zu werden. Damit ist er auch die erste Hürde, die du als Kandidat nehmen musst, um überhaupt für einen Job ins Betracht gezogen zu werden. Wie das geht, erfährst du hier.

# EIN BLICK HINTER DIE KULISSEN

**BEISPIEL** *Ein Tag im Leben eines Recruiters: 16:15 Uhr, endlich zurück am Platz. Der Magen hängt in der Kniekehle. Seit heute Vormittag nichts mehr gegessen. Erst im Stadtverkehr hängen geblieben, nur um rechtzeitig da zu sein, und dann kam der Acht-Uhr-Kandidat auch noch zu spät. Hat erst mal den ganzen Interviewplan am Vormittag durcheinandergebracht. Dabei war es schwierig genug, einen gemeinsamen Termin für alle Interviewer zu finden. Sind halt viel beschäftigte Manager. Und wer bekommt den Ärger, wenn da was schiefgeht? Schon klar. Später am Vormittag erst mal noch drei Vakanzen ins Online-System gestellt, damit die Abteilungsleiter auch ja morgen früh schon Bewerbungen auf dem Tisch haben. Kann ja nie schnell genug gehen, bis die Stelle besetzt ist. Dann über Mittag Interviews geführt und eben noch schnell einen Kandidaten quer übers Betriebsgelände von A nach B gebracht. Wenn es dafür wenigstens Kilometergeld geben würde! Beim Durchschauen der 473 Online-Bewerbungen im System ist jetzt wenigstens Zeit, ein Sandwich runterzuschlingen. Immerhin sind 37 Vakanzen zu betreuen. Nachher noch Telefoninterviews führen, denn schließlich sind am frühen Abend die Leute eher zu Hause. Ganz zum Schluss das Gespräch mit dem Amerikaner, der konnte halt in seiner Zeitzone auch nicht früher. Ach ja, und die CVs als Bettlektüre nicht vergessen. Müde. Gestresst. Überfordert. Willkommen im Leben eines Recruiters.*

Was sich hier liest wie eine zynische Abrechung, ist tatsächlich Alltag für viele Recruiter, vor allem in großen Unternehmen. Recruiter sind Schwerstarbeiter, Menschenkenner, Problemlöser, Netzwerker, Rechercheure, Prozesshüter, Traumerfüller, Sündenböcke und Verkäufer mit Jägermentalität. Vor allem aber sind sie häufig chronisch überlastet. Schließlich ist es eine Mammutaufgabe, die eierlegende Wollmilchsau zu finden, die die meisten Hiring Manager suchen. Und das fast immer unter Zeitdruck. Denn ist eine Ausschreibung nach langen internen Debatten erst einmal genehmigt, soll der perfekte Kandidat möglichst gleich am nächsten Tag antreten.

**Auf der Jagd nach der eierlegenden Wollmichsau**

Je nach Anforderungsprofil wühlen sich Recruiter also durch Berge digitaler Bewerbungen oder beginnen erst einmal akribisch zu recherchieren, um überhaupt eine Handvoll Kandidaten zu finden, die den gewünschten Kriterien entsprechen. Beides erfordert Geduld, Hartnäckigkeit und ein feines Gespür für potenzielle Toptalente. Grundsätzlich lassen sich die Aufgaben des Recruiters in drei Phasen einteilen:

- Beschaffung (»Sourcing«) – Anforderungsprofil ermitteln, Suchkriterien definieren, Stellenausschreibung vornehmen, ggf. gezielt Kandidaten identifizieren und ansprechen, Bewerbungsunterlagen anfordern.
- Auswahl (»Selection«) – Bewerbungsunterlagen sichten, Vorauswahl treffen, ggf. erste Orientierungsgespräche führen, möglicherweise Einstellungstests auswerten, passende Profile an Hiring Manager weiterleiten, Jobinterviews organisieren, Gespräche koordinieren und führen, Interview-Feedback einholen und auswerten, Empfehlung aussprechen.
- Einstellung (»Hiring«) – nach Auswahl durch den Hiring Manager Verhandlungen aufnehmen, Konditionen abstimmen, Arbeitsvertrag anfertigen, ggf. Umzug und Visum organisieren, Einführung neuer Mitarbeiter initiieren.

Ab ins

# HAI FISCH BECKEN!

In den meisten Fällen ist der Recruiter für die Beschaffung und für die Vorauswahl der besten Kandidaten allein verantwortlich, bevor auch nur irgendein anderer Entscheider in den Prozess mit eingebunden wird.

## SYMPATHIEPUNKTE SAMMELN BEIM RECRUITER

Recruiter stehen also einerseits unter immensem Druck, ihre eigenen Zielvorgaben zu erfüllen, andererseits haben sie auch einen großen Einfluss zu Beginn eines jeden Rekrutierungsprozesses. Du tust also gut daran, dir dieser Realität bewusst zu sein, denn das Letzte, was ein Recruiter gebrauchen kann, ist ein Kandidat, der ihm das Leben zusätzlich schwer macht. Mit Empathie und Umgänglichkeit lassen sich wertvolle Sympathiepunkte sammeln. Natürlich ist Sympathie allein kein Einstellungsgarant, aber getreu dem Motto »Wie du mir, so ich dir« wird sich auch der Recruiter eher für dich einsetzen, wenn du ihm ebenfalls entgegenkommst.

### 3 Tipps, um beim Recruiter zu punkten:

**1** Bewirb dich nur auf Stellen, deren Mindestanforderung du auch erfüllst, und zwar mit den kompletten Unterlagen. Recruiter haben genug zu lesen und keine Zeit, fehlenden Unterlagen hinterherzujagen.

**2** Sorge dafür, während der Zeit der Bewerbungsphase gut erreichbar zu sein, und nimm vorgeschlagene Termine an, wann immer möglich. Die Terminfindung ist für den Recruiter schon schwer genug, vor allem, wenn mehrere Interviewer involviert sind.

**3** Halte dich an abgesprochene Termine und sei pünktlich. Hinter jedem Interviewtermin steht eine organisatorische und logistische Meisterleistung vieler Beteiligter. Wenn was schiefgeht, fällt es oft auf den Recruiter zurück, der den Ärger dann intern ausbaden darf.

# Der Personaler

Ebenfalls am Auswahlprozess beteiligt ist der Personalreferent. Er ist für einen Bereich innerhalb des Unternehmens verantwortlich und unterstützt den jeweiligen Bereichsleiter in diversen Personalangelegenheiten. Auch der Personalreferent wird zu gegebener Zeit in den Interviewprozess mit eingebunden. Was solltest du für diese Begegnung wissen?

Wenn der Recruiter der Gatekeeper des Unternehmens ist, dann ist der Personaler die Wachablösung. Je nach Firmengröße haben Personalreferenten, auch HR Business Partner ◆ genannt, verschiedene Aufgaben. Während sie in kleineren Unternehmen mehr oder weniger für alles verantwortlich sind, was sonst keiner macht, ist die Personalabteilung in größeren Organisationen in mehrere Fachbereiche untergliedert. Da gibt es neben der Rekrutierung zum Beispiel noch die Personalentwicklung, das Personalmarketing, die Entgeltfestlegung und die Lohnabrechnung. Um diese Themen kümmern sich dann jeweils Spezialisten, während der Personalreferent die Betreuung bestimmter Unternehmensbereiche verantwortet. Das heißt, er ist der Ansprechpartner für die Linienmanager ◆ und Mitarbeiter einer Abteilung und agiert dann als Schnittstelle zu den verschiedenen HR-Fachbereichen. Seine Hauptkompetenz liegt somit in der Betreuung und Beratung seiner internen Kunden, und er ist bestrebt, deren strategische und operative Interessen zu vertreten. Dazu gehört natürlich auch, einen Beitrag zur Auswahl geeigneter Mitarbeiter zu leisten.

◆ *HR steht für Human Resources.*

◆ *Linienmanagement bezeichnet eine hierarchische Befehlskette vom leitenden Angestellten bis zur untersten Ebene.*

Da Personaler oftmals einen Psychologiehintergrund haben beziehungsweise gute Menschenkenner sind und sich auf zwischenmenschliche Beziehungen spezialisiert haben, wird ihre Meinung bei der Beurteilung möglicher Kandidaten im Allgemeinen sehr geschätzt. Dennoch sind sie weder Gedankenleser noch Hellseher. Also hast du keinen Grund, vor dieser Begegnung im Interview nervös zu sein.

**Auch Personaler sind nur Menschen**

## DER PERSONALER ALS DEIN FREUND UND HELFER

Während ein Recruiter noch bestimmte Qualifikationen als Grundvoraussetzung für die Eignung eines Bewerbers abfragt, achtet ein Pesonalreferent vermehrt auf sogenannte weiche Faktoren bei der Auswahl zukünftiger Mitarbeiter. Also zum Beispiel, ob du als Kandidat auch vom Typ her gut ins Team passen würdest und ob du die Werte des Unternehmens vertrittst. Schließlich ist auch das eine wichtige Voraussetzung, um später im Job erfolgreich zu sein. Außerdem schaut ein Personaler auch über den Tellerrand der unmittelbar ausgeschriebenen Stelle hinaus und gibt eine Einschätzung dazu ab, wie viel Potenzial ein Bewerber mitbringt, später auch in andere Rollen oder gar in die Führungsebene hineinzuwachsen.

Ein Personalreferent ist in der Regel intern gut vernetzt und kennt möglicherweise noch andere offene Stellen, für die ein Bewerber infrage kommt oder sogar noch besser geeignet ist als für den Job, für den er gerade interviewt wird. Mach dir also den Personaler zum verbündeten Fürsprecher, der dich weiterempfiehlt und sich vielleicht auch in Zukunft noch an dich erinnert, selbst wenn die Bewerbung für *diese* Stelle nicht erfolgreich sein sollte. Im Interview die Bereitschaft zu signalisieren, auch für andere Positionen im Unternehmen zur Verfügung zu stehen, kann eine sinnvolle Strategie sein, denn Offenheit und Flexibilität kommen immer gut an und der Personaler kann möglicherweise den entscheidenen Kontakt herstellen.

# SYMPATHIEPUNKTE SAMMELN BEIM PERSONALER

Einerseits will der Personalreferent in erster Linie seine internen Kunden zufriedenstellen, das heißt eine Vakanz soll schnell und problemlos gefüllt werden. Andererseits haben Personaler oft mit Vorurteilen zu kämpfen, wenn ihre Rolle und überhaupt der Beitrag von Human Resources zum Unternehmenserfolg nicht angemessen gewürdigt werden. Statt die Personalarbeit also als unnützen »Softie«-Faktor oder pure bürokratische Verwaltung abzustempeln, kannst du als Kandidat wichtige Sympathiepunkte sammeln, indem du den Beitrag der Personalreferenten zum Geschäftserfolg anerkennst und sie schlichtweg als Business Partner ernst nimmst.

## 3 Tipps, um beim Personaler zu punkten:

**1** Nimm das Interview mit dem Personalreferenten genauso ernst wie ein Interview mit dem Hiring Manager. Der Personaler kann ein wichtiger Verbündeter für dich sein auf dem Weg zum unmittelbaren Traumjob – und darüber hinaus!

**2** Halte dich mit Kritik an unternehmensinternen Arbeitsbedingungen zurück, auch wenn sie nicht deinen Idealvorstellungen entsprechen. Der Personaler, der dir gegenübersitzt, hat die Regeln nicht gemacht und selbst nur begrenzten Verhandlungsspielraum.

**3** Sei in Bezug auf deine Forderungen und Erwartungen eher bescheiden und zurückhaltend. Sogenannte High-Maintenance-Kandidaten, die von Anfang an als schwierig und anspruchsvoll gelten, sind bei Personalern nicht beliebt, weil sie schon im Interview spüren, dass dieser Mitarbeiter auch später Probleme bereiten wird.

# Der Hiring Manager

Der Hiring Manger ist der verantwortliche Bereichsleiter, der eine Stelle in seinem Team zu besetzen hat. Er definiert nicht nur die Einstellungskriterien und entscheidet über das Budget, sondern hat auch bei der Auswahl der Kandidaten das letzte Wort. Darum ist der Hiring Manager der wichtigste Interviewpartner, den es zu überzeugen gilt. Wie dir das am besten gelingt, erfährst du hier.

Ein Hiring Manager hat in erster Linie ein Problem. Entweder hat er nicht genügend Mitarbeiter, um seine Zielvorgaben zu erfüllen, oder er hat ungeeignete Mitarbeiter, die er ersetzen muss. So oder so, aufgrund mangelnder Ressourcen leidet sein Beitrag zum Geschäftserfolg, und das ist unerfreulich. Als Führungskraft wird er schließlich an der Leistung seiner Abteilung gemessen. Also zählt für ihn vor allem eins: Das Problem mangelnder Ressourcen aus dem Weg zu schaffen.

Und nun kommst du ins Spiel, vorausgesetzt, du bist ein qualifizierter Kandidat, denn dann bist du die Lösung für sein Problem und damit ein Objekt seiner Begierde. Dennoch ist die Auswahl für den Hiring Manager kein leichtes Unterfangen. Schließlich soll der erfolgreiche Bewerber am liebsten längerfristig in seiner Mannschaft spielen. Außerdem ist der Prozess einer Neueinstellung langwierig, arbeitsintensiv und teuer. Darum schrecken einige Vorgesetzte davor zurück oder zögern diesen Schritt hinaus, bis wirklich kein Weg mehr daran vorbeiführt. Oftmals ist es dann aber auch richtig dringend, und die Stellenbesetzung kann gar nicht schnell genug gehen. Denn Vakanzen im Team zu haben ist für Hiring Manager wie ein Loch im Zahn: Man merkt es vielleicht nicht gleich oder denkt, darum kann

**Werde zum Objekt der Begierde**

man sich später kümmern, aber wenn es anfängt wehzutun, dann ist der Schmerz immens, lähmt jegliche Tätigkeit und die Schadensbehebung wird umso teurer, je länger man wartet.

## DRUM PRÜFE, WER SICH (EWIG) BINDET …

Der Arbeitsmarkt ist ein Markt wie jeder andere: Angebot und Nachfrage bestimmen den Preis. Je spezifischer die Anforderungen an einen Job sind, desto spezieller ist auch das Profil, das du als Kandidat erfüllen musst, um erfolgreich zu sein. Auf je weniger Bewerber das zutrifft, umso begehrter wird das einzelne Objekt und seine Arbeitskraft. Die demografische Entwicklung im deutschsprachigen Raum leistet ihren Beitrag zugunsten der Kandidaten, denn der Fach- und Führungskräftemangel ist real und stellt Unternehmen und Hiring Manager vor ein zusätzliches Problem.

Dennoch ist ein Vorgesetzter stets danach bestrebt, den bestmöglichen Bewerber herauszufiltern, denn einen Mitarbeiter für das eigene Team auszuwählen ist ein bisschen, wie eine Ehe auf Zeit einzugehen. Schließlich soll die Verbindung nach Möglichkeit eine Weile halten, und viele Menschen verbringen mehr Zeit mit ihren Arbeitskollegen als mit dem eigenen Partner zu Hause.

**Frage dich: Willst du den Großteil deiner Lebenszeit in diesem Unternehmen verbringen?**

Dabei zählt als Auswahlkriterium neben fachlicher Qualifikation vor allem die zwischenmenschliche »Chemie«. Das Gute ist, diese Feststellung beruht auf Gegenseitigkeit. Auch als Bewerber solltest du dir gut überlegen, ob du dir vorstellen kannst, in den kommenden Jahren mit *diesem* Vorgesetzten zusammenzuarbeiten. Ist er dir sympathisch? Kannst du von ihm lernen? Willst du einen Teil deiner wertvollen Lebenszeit mit *diesem* Menschen verbringen? Aber Achtung: Chemie allein reicht nicht aus, denn egal, wie gut man vielleicht menschlich miteinander auskommt, ein Hiring Manager hat auch immer den Geschäftserfolg vor Augen. Die Kardinalfrage ist und bleibt: Bist du die richtige Lösung für sein Problem? Denn letztlich ist er vor allem ein Geschäftsmann und kein Wohltäter.

## SYMPATHIEPUNKTE SAMMELN BEIM HIRING MANAGER

Ein Hiring Manager ist in erster Linie bestrebt, nur die besten Kandidaten für seinen Verantwortungsbereich auszuwählen, denn er muss die Mitarbeiterqualität auf hohem Niveau sicherstellen, um seine Geschäftsziele erreichen zu können. Dabei steht die fachliche Qualifikation im Vordergrund, doch auch mit Interesse am Team und an der Geschäftsstrategie kannst du dich als Kandidat von anderen Mitbewerbern absetzen.

### 3 Tipps, um beim Hiring Manager zu punkten:

1. Stell deine fachliche Kompetenz in den Vordergrund. In diesem Interview – mehr als in allen anderen – geht es darum, deinen Interviewpartner davon zu überzeugen, dass du den Herausforderungen der Tätigkeit gewachsen bist.

2. Stell intelligente Fragen zum Fachbereich und dazu, wie diese Abteilung zum Erreichen der Unternehmensziele beiträgt. Damit beweist du eine gewisse Weitsicht, und dein Interesse ist für den Abteilungsleiter schmeichelhaft.

3. Erkundige dich auch nach den anderen Mitgliedern im Team. Mit wem würdest du zusammenarbeiten, und wie kannst du das Team bestmöglich unterstützen? Teamplayer machen auch im ersten Gespräch schon einen besseren Eindruck als Einzelkämpfer.

# Die übrigen Stakeholder

Je nach Unternehmensgröße sind oftmals noch weitere Interviews üblich, bevor eine Entscheidung getroffen wird. Die übrigen Interviewer bezeichnet man allgemein als »Stakeholder«, also Interessenvertreter, die später mit dem neuen Mitarbeiter zusammenarbeiten sollen, oder die aufgrund ihrer eigenen Qualifikation geeignet sind, die Eignung von Bewerbern einzuschätzen. Wie nimmst du diese Stakeholder für dich ein?

Um ein möglichst breit gefächertes Feedback zu einzelnen Bewerbern zu erhalten, ist es durchaus üblich, zusätzliche Interviews mit verschiedenen Stakeholdern anzusetzen oder diese als Beisitzer zu bestehenden Interviews einzuladen. Die fünf typischsten Stakeholder-Kategorien sind:

**INTERNE KUNDEN** Dabei handelt es sich um Mitarbeiter anderer Abteilungen, die mit dem zukünftigen Stelleninhaber innerhalb des Unternehmens zu tun haben werden. Sie sollen Feedback geben, ob sie sich vorstellen können, mit dem Kandidaten später erfolgreich zusammenzuarbeiten.

**FACHSPEZIALISTEN** Das können Mitarbeiter aus verwandten Abteilungen oder vergleichbaren Unternehmensbereichen sein, die einen sehr ähnlichen Job haben. Ihre vorrangige Aufgabe ist es, den Bewerber auf seine fachliche Qualifikation hin zu prüfen.

**ZUKÜNFTIGE KOLLEGEN** Auch Mitglieder des zukünftigen Teams, sogenannte Peers, nehmen gelegentlich am Auswahlprozess teil. Zwar führen sie selten formelle Interviews, aber ihnen wird Gelegenheit gegeben, den Kandidaten kennenzulernen, um zu schauen, ob »die Chemie stimmt«.

**DER CHEF-CHEF** Damit ist der Vorgesetzte vom Hiring Manager gemeint. Auch er hat ein Interesse daran, nur Toptalente in seinem Unternehmensbereich zu beschäftigen. Diese Interviews sind oftmals nur den letzten zwei bis drei Kandidaten vorbehalten, bevor eine Entscheidung getroffen wird, die der Chef-Chef maßgeblich mitbestimmt.

**DER GESCHÄFTSFÜHRER** Bei kleinen Unternehmen ist es durchaus üblich, dass sogar der Firmeninhaber beziehungsweise der Geschäftsführer höchstpersönlich mitmischt. Wenn du erst mal so weit gekommen bist, ist das ein sehr gutes Zeichen, denn dieses letzte Interview ist eigentlich nur dem Finalkandidaten vorbehalten!

## SO VIELE INTERVIEWS – IST DAS GUT ODER SCHLECHT?

Zusätzliche Interviews werden geführt, damit sich ein Unternehmen ein möglichst gutes Bild von einem Kandidaten machen kann. Denn natürlich werden die Feedbacks und Eindrücke der verschiedenen Interviewer nach jeder Runde eingesammelt und besprochen, um zu entscheiden, ob ein Bewerber in die nächste Runde kommt oder nicht.

Oft werden auch die Kriterien vom Anforderungsprofil auf verschiedene Interviewer verteilt. Das heißt, einzelne Interviewer fragen im Gespräch jeweils unterschiedliche Fähigkeiten ab. Wenn insgesamt zehn Kompetenzen überprüft werden sollen, dann kann das unmöglich ein einziges Interview leisten.

Je nach Organisation spielt auch die Firmenkultur eine Rolle. In einem eher demokratisch geprägten Unternehmen ist es nicht unüblich, eine ganze Serie von Interviews anzusetzen, damit auch jeder, der später irgendwie mit dem zukünftigen Stelleninhaber zu tun hat, seine Meinung zu den Bewerbern kundtun kann. Lange Interviewserien haben natürlich auch ihre Nachteile, sind zeitaufwendig für alle Beteiligten, eine logistische Herausforderung für den Recruiter und ermüdend für den Bewerber. Als Bewerber solltest du versuchen, auch einen langen Interviewprozess positiv zu sehen. Jedes Interview kostet das Unternehmen ein kleines Vermögen, und es würde nicht so viel Zeit in dich investieren, wenn es nicht wirklich großes Interesse an dir hätte!

## SYMPATHIEPUNKTE SAMMELN BEI DEN STAKEHOLDERN

Verschiedene Stakeholder haben auch unterschiedliche Motivationen, an einem Auswahlprozess teilzunehmen. Manche sind extrem motiviert (oftmals der Fall bei internen Kunden oder zukünftigen Kollegen), anderen ist anzumerken, dass sie eigentlich lieber etwas anderes täten, als jetzt dein Interview zu führen. Trotzdem kannst du in *jedem* Interview Pluspunkte sammeln, wenn du ein paar einfach Grundsätze beachtest.

### 3 Tipps, um bei einem Stakeholder zu punkten:

1 Versetz dich vor jedem Gespräch in den Stakeholder-Interviewer hinein. Was ist seine Rolle und welche Motivation hat er für das Gespräch mit dir? Je mehr du über seinen Hintergrund weißt, desto zielsicherer kannst du seine Fragen beantworten.

2 Stell intelligente Fragen zu seinem Aufgabenbereich und wie ihr beide zusammenarbeiten würdet, wenn du den Job bekämst. Dein Interesse an seiner Arbeit und eurer zukünftigen Kooperation kommt gut an und hinterlässt einen positiven Eindruck.

3 Bring relevante Beispiele ins Gespräch ein, die je nach Stakeholder unterschiedlich ausfallen können. Erstens sollten sie für den jeweiligen Interviewer von Interesse sein, und zweitens untermauern verschiedene Beispiele deinen Erfahrungsschatz.

# Kandidaten im Visier

Egal ob Recruiter, Personaler, Hiring Manager oder Stakeholder, sie alle wollen nur das eine: den einen Kandidaten finden, der bestmöglich ins Bild passt. Dafür sind ihnen (fast) alle Mittel recht. Dank Internet und Social Recruiting ist der »gläserne Kandidat« auch kein fernes Wesen der Zukunft mehr. Aber auch traditionelle Mittel und das gute, alte Vitamin B dienen immer noch als Entscheidungshilfe.

In gut organisierten Unternehmen mit einer professionell geführten Personalabteilung gibt es zahlreiche Hilfsmittel, die die Entscheider bei der Bewerberauswahl unterstützen sollen:

**STELLENBESCHREIBUNG** im Prinzip ein Rollenprofil, das beschreibt, welchen Sinn und Zweck die Position im Organisationsgefüge hat, die verschiedenen Aufgaben, die der Stelleninhaber zu erfüllen hat, und welche Verantwortung er trägt (zum Beispiel Anzahl Mitarbeiter, Budget, Vollmachten, ...)

**ANFORDERUNGSPROFIL** erklärt im Detail, welche Voraussetzungen ein Stelleninhaber erfüllen muss, um in der Position erfolgreich zu sein; dazu gehören Ausbildung, Zusatzqualifikationen, besondere Kenntnisse, Fachwissen und Fähigkeiten.

**KOMPETENZÜBERSICHT** vor allem größere Unternehmen haben meist ein Handbuch oder zumindest einen Leitfaden, der gängige Kompetenzen, die den Werten und Anforderungen der Organisation entsprechen, im Detail beschreibt, oftmals unterteilt nach Fachbereichen, Hierarchieebene und/oder Gehaltsstufen; anhand dieser Übersicht lassen sich die Kompetenzen herausfiltern, die im Interview abgefragt werden sollen.

**INTERVIEWFRAGEBOGEN** um dem Interviewer das Leben zu erleichtern, stellt die Personalabteilung häufig Bespielfragen zur Verfügung, die auf die zu besetzende Stelle und die entsprechenden Kompetenzen abgestimmt sind; an diesem strukturierten Fragebogen sollen sich die einzelnen Gespräche orientieren, sodass am Ende sichergestellt ist, dass die Gesamtheit der Interviewer alle relevanten Kompetenzen abgefragt hat.

**FEEDBACKBOGEN** auch bei der Auswertung der Interviews wird systematisch vorgegangen, und viele Firmen haben einen strukturierten Prozess oder gar ein ausgeklügeltes Punktesystem, wie die Feedbacks verschiedener Interviewer eingesammelt und ausgewertet werden.

Auf weitere Instrumente wie Eignungstests oder Assessment Center wollen wir an dieser Stelle nicht weiter eingehen, doch wichtig ist, dass trotz einer Vielzahl von Hilfsmitteln noch etwas anderes eine Rolle spielt, mit dem kein Profil, keine Struktur und kein Punktesystem der Welt Schritt halten kann. Jeder hat es, und doch geben es die wenigsten zu, weil es politisch nicht korrekt ist, sich darauf zu verlassen. Die Rede ist vom Bauchgefühl. Denn auch wenn die Feedbackauswertung einen noch so hohen Wert für einen Kandidaten ergibt, gegen sein Bauchgefühl wird kaum ein Entscheidungsträger die Einstellung eines Bewerbers befürworten.

**JAN THOMAS OTTE, KARRIERE-EINSICHTEN.DE** »Der Auswahlprozess für ein Praktikum bei einer großen Unternehmensberatung hat mir gut gefallen. Nach einer klassischen Online-Bewerbung fand zuerst ein Telefoninterview statt. Das Gespräch führte kein Personalreferent, sondern ein Berater aus dem Alltagsgeschäft. Anschließend folgte ein Assessment Center mit persönlichen Einzelinterviews, Gruppenübungen und einer Präsentation auf Englisch. Der gesamte Prozess war sehr professionell aufgezogen, und das hat mich von vornherein positiv beeindruckt. Auch ist es toll, wenn ein Interviewer ehrlich ist. Einmal hat mir jemand auf die kritische Nachfrage nach der Vereinbarkeit von Beruf und Familie gesagt, dass das extrem schwierig wird. Das war ehrlich, auch wenn ich vielleicht lieber etwas anderes gehört hätte.«

## PERSÖNLICHE NETZWERKE

Über das klassische Jobinterview hinaus gibt es natürlich auch noch andere Mittel und Wege, Bewerber unter die Lupe zu nehmen, und alle Entscheidungsträger im Auswahlprozess können davon Gebrauch machen. Das oft zitierte Vitamin B ist eine Variante, wobei B für Beziehungen steht. Wen man kennt, ist heutzutage nämlich beinahe genauso wichtig wie was man weiß, und Recruiter sind in der Regel sehr gut vernetzt.

Bevor ein Kandidat in die engere Auswahl kommt, ist es nicht nur üblich, offizielle Referenzen zu checken, sondern auch, sich in Branchen und Bekanntenkreisen umzuhören, wer etwas über den Bewerber zu berichten hat. Besonders eng vernetzt sind die Mitglieder innerhalb derselben Fachrichtung oder innerhalb eines Industriezweigs. Aber auch sonst sollte man nie unterschätzen, wer wen kennt, wer möglicherweise mit wem verwandt ist oder wo Entscheidungsträger früher schon einmal gearbeitet haben. All diese Netzwerke können angezapft werden, wenn es um die Bewertung potenzieller Jobanwärter geht. Im Umkehrschluss bedeutet das aber auch, dass du als Kandidat *dein* Netzwerk aktivieren kannst, wenn es um die Jobsuche im Allgemeinen oder um die Recherche bezüglich eines bestimmten Unternehmens oder deiner Interviewpartner geht.

**Netzwerke anzapfen kannst du auch!**

## GOOGLE, FACEBOOK, XING & CO.

Ein Recruiter, der seine Hausaufgaben macht, wird vor allem auch die sozialen Netzwerke zur Beschaffung von Hintergrundinformationen über seine Bewerber anzapfen. Denn nichts ist leichter, als im Internet nach Personen zu suchen und möglichst viel über sie herauszufinden. Ob das juristisch oder ethisch korrekt ist, mag man anzweifeln, aber in der Praxis ist das Vorgehen bereits weitverbreitet. Was aber darf ein Recruiter eigentlich im Netz und was nicht?

**INTERVIEW**

## »NICHT ALLEN RECRUITERN IST KLAR, WAS ERLAUBT IST UND WAS NICHT«

*Arbeitsrechtsexperte Orlando Meyer über die Informationsgewinnung über Bewerber auf Social-Media-Plattformen.*

**Weshalb recherchieren Recruiter im Internet?**

Die Recruiter möchten möglichst viel über einen Kandidaten erfahren und durchforsten deshalb alle verfügbaren sozialen Medien. Der Umfang derartiger Recherchen hat in den letzten Jahren massiv zugenommen. Allerdings ist nicht allen Recruitern klar, was erlaubt ist und was nicht.

**Wo darf der Recruiter überhaupt recherchieren?**

Ein Grundsatz im Datenschutzrecht besagt (sehr allgemein formuliert), dass nur diejenigen Daten über einen Bewerber verwendet werden dürfen, die in einem Zusammenhang mit dem potenziellen Job stehen.

**Was bedeutet das konkret?**

Das bedeutet, dass nicht jede Social-Media-Plattform zur Informationsgewinnung genutzt werden darf.

**Sie meinen XING?**

XING und LinkedIn sind zwei gute Beispiele. Auf diesen beiden Plattformen erstellt der Kandidat sein eigenes Profil und bestimmt somit selber, wie viel er von sich preisgeben möchte. Zudem gehören diese Plattformen zu den Berufsnetzwerken. Ein Recruiter darf sich hier problemlos alle verfügbaren Informationen beschaffen.

**Und wie ist es mit Facebook?**

Das ist eine ganz andere Geschichte. Auf Facebook stellen sich die Menschen in erster Linie als Privatpersonen dar. Zwar bestimmen sie auch hier Art und Umfang der veröffentlichten Informationen. Diese aber dienen keinem geschäftlichen Zweck und sind somit für mögliche Arbeitgeber eine Tabuzone.

**Aber der Bewerber hat ja selbst diese Informationen ins Netz gestellt.**

Es fehlt trotzdem am beruflichen Zusammenhang. Das ist eine unerlaubte Datenbearbeitung, selbst wenn der Recruiter der Meinung ist, er sammle nur Daten.

**Und Google? Das benutzt ja jeder!**

Auch der großflächige Einsatz von Suchmaschinen ist nicht gestattet. Als Betroffener habe ich überhaupt keine Kontrolle über das Ergebnis der Suchresultate. Im Extremfall weiß ich nicht einmal, was alles an Suchergebnissen angezeigt wird. Das zweite Problem ist, dass nicht mit Sicherheit gesagt werden kann, ob die angezeigte Information überhaupt zutrifft oder nicht. Google zeigt auch falsche oder völlig veraltete Suchergebnisse an.

**Dann kann ich also problemlos meine Partybilder auf Facebook posten?**

Ich empfehle das nicht. Die Technologie und damit auch die Rechtsprechung zu diesen Themen sind noch sehr jung und die Unsicherheit entsprechend groß. In der Praxis begegne ich immer wieder Fällen, in denen unerlaubte Daten sogar ins elektronische Personaldossier eingescannt werden. Dort schlummern sie dann für die Ewigkeit, wenn der Arbeitgeber es unterlässt, das Dossier nach Ausscheiden des Arbeitnehmers zu löschen.

Ob korrekt oder nicht, grundsätzlich kann jeder jeden im Internet suchen und finden. Deine Selbstdarstellung in den sozialen Medien ist also definitiv ein wichtiger Schlüssel zum Gesamteindruck, den ein Entscheidungsträger im Auswahlprozess erhält. Im positiven Sinne kannst (und solltest!) du die sozialen Medien auch für dich nutzen. Das bedeutet eine professionelle Darstellung in Berufsnetzwerken wie XING oder LinkedIn und keine peinlichen Bilder, Kommentare und Sprüche auf öffentlich zugänglichen Profilseiten wie Google+ oder Facebook. Im Zweifelsfall hilft es, folgende drei Faustregeln zu beachten:

1. Poste nichts, was nicht auch deine Oma sehen, lesen oder hören dürfte.
2. Poste nichts über andere, was du ihnen nicht auch ins Gesicht sagen würdest.
3. Wenn du es doch postest, dann sorge wenigstens dafür, dass deine Profileinstellungen den Zugriff Dritter auf nicht öffentliche Inhalte verhindern!

**KAROLINA WARKENTIN, KARRIEREBIBEL.DE**: »Längst sind die Zeiten vorbei, in denen Bewerber noch ein unbeschriebenes Blatt waren. Durch die Nutzung von Facebook, Twitter, XING und Co. geben wir viel mehr preis, als uns lieb ist. Die Schnelllebigkeit sozialer Netzwerke führt dazu, dass vorschnell gepostet wird, ohne die Konsequenzen des eigenen Handelns bis ins letzte Detail zu durchdenken. Die eigene Karriere lässt sich damit schnell verbauen. Umso wichtiger ist eine saubere Online-Präsenz. Bewerber sollten sich darum ganz genau überlegen, welches Bild sie im Netz von sich zeichnen wollen.
Eine Online-Präsenz kann eine Bewerbung beflü-

geln, aber auch in den Papierkorb befördern. Längst ist bekannt, dass Personaler Social-Media-Profile checken oder die Kandidaten googeln. Ungünstig für den Bewerber ist die Tatsache, dass das Internet nie vergisst. Einmal geschriebene Posts oder hochgeladene Bilder lassen sich nicht problemslos löschen, denn sie haben sich womöglich bereits ohne eigenes Zutun verbreitet.
Auch diejenigen, die sich dem Einfluss von Social Media entziehen wollen, sind nicht davor gefeit, dass Informationen über die eigene Person ins Internet gelangen. Zum Beispiel reicht es bereits aus, per E-Mail eine Einladung für Facebook zu erhalten. Allein diese Aktion veranlasst Facebook dazu, nach Informationen zu einer Person zu suchen und mit anderen Kontakten zu verknüpfen. Auch ist es möglich, dass Freunde Personen auf Fotos taggen, selbst wenn diese kein eigenes Profil haben. Es müssen also nicht zwangsläufig die eigenen Partybilder sein, die Bewerber diskreditieren. Bevor Kandidaten zu einem Vorstellungsgespräch gehen, sollten sie wissen, welche Informationen über sie draußen im Netz rumschwirren.«

Karolina Warkentin empfiehlt, das Bild, das du im Internet von dir selbst vermittelst, aktiv zu prägen und zu professionalisieren. Mithilfe ihrer folgenden Tipps brauchst du dich vor einer möglichen Suche des Recruiters nicht zu fürchten. Im Gegenteil, du kannst deine Online-Präsenz dazu nutzen, den positiven Eindruck, den du durch deine Bewerbungsunterlagen hinterlassen hast, zusätzlich zu bekräftigen.

**Tipp: Online-Auftritt clever nutzen**

## Tipps und Tricks zur Selbstdarstellung im Internet

**RICHTE EINEN GOOLGE-ALERT FÜR DEINEN NAMEN EIN.** Der erste Schritt ist zu sehen, welche Informationen das Internet über dich preisgibt. In diesem Zusammenhang ist es empfehlenswert, einen Google-Alert einzurichten, der dich fortlaufend darüber informiert, wenn neue Informationen über dich im Netz stehen. Diesen Dienst bietet Google kostenfrei an, und du kannst bestimmen, in welchem zeitlichen Abstand du informiert werden möchtest. Wenn dann Informationen oder Bilder auftauchen, von denen du lieber nicht willst, dass sie ein möglicher Arbeitgeber zu sehen bekommt, dann solltest du natürlich dafür sorgen, dass jene Einträge auf den entsprechenden Seiten entfernt werden.

**WÄHLE EINEN SERIÖSEN BENUTZERNAMEN.** Wenn du einen professionellen Eindruck hinterlassen möchtest, solltest du davon absehen, auf unseriöse Benutzernamen, wie beispielsweise »Ballermannbraut«, zurückzugreifen. Diese wecken Assoziationen, die du nicht unbedingt fördern willst.

**INVESTIERE IN EIN GUTES FOTO.** Privat geschossene Fotos sind oft unscharf oder zeigen dich in einer wenig vorteilhaften Position. Hier kann es sich lohnen, in professionelle Fotos zu investieren. Für XING und LinkedIn empfiehlt es sich, ein Foto zu wählen, das dich in arbeitstauglicher Kleidung zeigt. Möglicherweise kannst du hier das gleiche Foto verwenden wie für deinen Lebenslauf.

**ÜBERLEGE DIR GUT, ZU WEM DU KONTAKT AUFBAUST.** Nimm nicht wahllos Freundschaftsanfragen über Social Media an. Letztlich schadest du dir damit, denn du gibst deinen »Freunden« damit die Möglichkeit, Informationen über dich zu verbreiten, auf die du keinen Einfluss nehmen kannst. Aus diesem Grund ist es wichtig, sich zu überlegen, wer wie viel von deinem Profil in einem sozialen Netzwerk sehen darf, und deine Einstellungen entsprechend anzupassen.

**WÄGE AB, WELCHEN GRUPPEN DU BEITRITTST.** Mitglied in zu vielen Spaßgruppen zu sein wirft kein gutes Licht auf dich. In Berufsgruppen von sozialen Netzwerken lassen sich dagegen wertvolle Kontakte knüpfen. Trotzdem solltest du nicht wahllos irgendwelchen Gruppen beitreten, sondern dir nur zwei bis drei aussuchen. Es wird dir mehr bringen, dich aktiv in wenigen Gruppen einzubringen, statt passiv Mitglied von zehn verschiedenen Gruppen zu sein. Über deine Mitgliedschaft(en) gibst du deiner Online-Präsenz zusätzlich ein Profil.

**PFLEGE DEINE ONLINE-PRÄSENZ.** Nichts wirkt so unprofessionell wie verwaiste Social-Media-Profile. Statt Facebook, Twitter, Google+, XING und zusätzlich Tumblr, Pinterest und Flickr zu bespielen, entscheide dich lieber für die Kanäle, die du auch wirklich regelmäßig nutzt. Frage dich, wo du die Menschen antriffst, die wertvoll für dein Netzwerk sein könnten.

**NUTZE EIGENE KANÄLE.** Mittlerweile ist es kinderleicht, einen eigenen Blog zu schreiben oder eine Homepage zu erstellen. Nutze diese Chancen für dich, um deine Person und deine Arbeit vorzustellen. Dienste wie flavors.me oder about.me nehmen dir an dieser Stelle viel Arbeit ab. Darüber kannst du all deine Social-Media-Kanäle bündeln, mit einem schönen Hintergrundbild versehen und eine Beschreibung hinzufügen. Solche Dienste fungieren praktisch als digitale Visitenkarte. Dienste wie carbonmade.com oder dropr.com bieten zusätzlich die Möglichkeit, deine Arbeit zu präsentieren.

**FAZIT** Die verschiedenen Typen von Firmenvertretern während des Interviewprozesses und ihre unterschiedlichen Ziele zu kennen kann dir als Bewerber einen wesentlichen Vorteil verschaffen. Wenn du die Interessen deines Gegenübers während des Gesprächs im Hinterkopf behältst, kannst du besser auf ihn eingehen und deine Fragen und Antworten zielgerichteter formulieren. Letztlich gilt aber immer: Auch Interviewer sind nur Menschen, und jeder tickt anders.

# Vor dem Gespräch

# WIE DU DICH FIT MACHST FÜRS JOBINTERVIEW

## EINLEITUNG

WÄHREND DU DIR BEREITS IM VORFELD DEINER BEWERBUNG GEDANKEN GEMACHT HAST, WELCHE POTENZIELLEN ARBEITGEBER ÜBERHAUPT FÜR DICH INFRAGE KOMMEN UND DEINE GRUNDSÄTZLICHEN ANFORDERUNGEN ERFÜLLEN, IST SPÄTESTENS BEI DER EINLADUNG ZUM VORSTELLUNGSGESPRÄCH DER ZEITPUNKT GEKOMMEN, DICH NOCH EINMAL ZU FRAGEN: IN WAS FÜR EINEM AQUARIUM MÖCHTEST DU EIGENTLICH SCHWIMMEN? BIST DU DER TYP FÜRS HAIFISCHBECKEN ODER DOCH EHER FÜR DEN GOLDFISCHTEICH? WIE FINDEST DU HERAUS, OB DIESER ARBEITGEBER TATSÄCHLICH DEINE WÜNSCHE ERFÜLLT?

Nun, da du weißt, mit wem du es während deiner Interviews zu tun haben wirst, ist natürlich die Frage, wie du dich konkret auf die Termine vorbereitest, um den bestmöglichen Eindruck zu machen. Dazu gehört vor allem, dich umfassend über die Firma zu informieren. Die Vorbereitung auf dein Interview beinhaltet neben der Infosammlung über das Unternehmen aber auch Selbstreflexion. Wie bringst du dein »Produkt Ich« am besten auf den Punkt? Auch die konkrete Logistik (wann, wo, wie), dein Outfit sowie deine Unterlagen wollen durchdacht sein. Nicht zuletzt solltest du auch dafür sorgen, dass dein Körper und Gehirn optimal auf den »Hochleistungsmoment Interview« vorbereitet sind. Wie das geht, erfährst du hier.

# Entscheider im Visier

Um im Vorstellungsgespräch einen guten Eindruck zu machen, lohnt es sich, im Vorfeld Zeit in eine intensive Recherche zu investieren. Grundsätzliche Kenntnisse vom Unternehmen, seinen Produkten und Absatzmärkten gehören genauso dazu, wie dich selbst kurz und knackig präsentieren zu können. Auch die Klippen der Gehaltsfrage und der Frage nach Referenzen müssen gekonnt umschifft werden … gewusst wie!

## Die Haifischbeckenbewohner auf dem Seziertisch

Auch als kleiner Fisch ist es wichtig, sich im Aquarium wohlzufühlen. Daher sollest du im Vorfeld so viel wie möglich über das Unternehmen herausfinden. Nicht zuletzt auch, um im Interview sinnvolle Fragen zu stellen und zu checken, ob das vom Arbeitgeber propagierte Image tatsächlich mit deinem Eindruck vor Ort übereinstimmt. Schließlich geben Firmen jedes Jahr Unmengen von Geld aus, nur um ihre Employer Value Proposition ◆ ins beste Licht zu rücken, aber leider stimmen Hochglanzbroschüre und Realität nicht immer überein. Zum Gück gibt es viele Möglichkeiten, sich ein Bild von der Organisation zu machen.

◆ *Employer Value Proposition = Arbeitgebermarke*

**DIE UNTERNEHMENS-HOMEPAGE** der Klassiker ist natürlich die firmeneigene Webseite, auf der du in den meisten Fällen viele Informationen findest, allerdings sind die oft werbewirksam inszeniert; in Bezug auf deine Interviewvorbereitung sind eher die dargestellten Zahlen, Daten und Fakten zu den verschiedenen Geschäftsbereichen, zur Strategie und zu den Werten der Unternehmenskultur relevant.

**KUNUNU, GLASSDOOR & CO** – auch wenn du nicht alles für bare Münze nehmen solltest, was du im Internet liest, geben Arbeitgeber-Bewertungsplattformen wertvolle Anregungen für deine weitere Recherche.

Die bekanntesten Arbeitgeber-Bewertungsplattformen im deutschsprachigen Raum:
www.kununu.com
www.bizzWatch.de
www.jobvoting.de
www.meinChef.de
www.meinpraktikum.de
www.prakti-test.de
International: www.glassdoor.com

**ANDERE RELEVANTE WEBSEITEN** objektivere und vor allem fachbezogene Informationen findest du auch auf den Webseiten von branchenspezifischen oder regionalen Verbänden, von Industrie- und Handelskammern oder ähnlichen Institutionen; diese Quellen sind besonders hilfreich in Bezug auf Wirtschaftsdaten und Trendbarometer, wie es um die angestrebte Branche eigentlich bestellt ist und wo die Zukunftsaussichten besonders rosig sind.

**PRINTMEDIEN** so veraltet es dir vielleicht erscheint, aber tatsächlich sind Magazine, Fachjournale oder die regionale Presse eine exzellente Informationsquelle, vor allem wenn es um aktuelle Berichterstattung und Neuheiten geht; diese Artikel können dir zum Beispiel wichtige Anregungen zu Fragen geben, die du im Jobinterview stellen kannst.

**NETZWERKE** neben deinen Kontakten in berufsbezogenen sozialen Netzwerken - allen voran XING und LinkedIn - solltest du auch dein persönliches Netzwerk anzapfen und deinen Freundeskreis ausfragen, wer jemanden kennt, der jemanden kennt, der die Firma oder Branche kennt.

**BEWERBER-TIPP VON YPSILONERIN ISABELLE PFISTER:** »Mach dir klar, was dich in einem Unternehmen erwartet, und versuch im Voraus, so viel wie möglich über die Atmosphäre, die Kultur und die Menschen in der Organisation zu erfahren, damit du dich so richtig in ihre Welt hineinversetzen kannst. Deine Schlüsselfrage lautet: Pass ich da rein?«

## WAS MACHT EIGENTLICH EIN OZEANOGRAF?

Aber nicht nur das Unternehmen, sondern auch die Position, für die du interviewt wirst, will sorgfältig recherchiert sein. Was sind typische Aufgaben des Stelleninhabers? Mit welchen Herausforderungen hat er zu kämpfen? Wer sind seine wichtigsten Stakeholder? Vielleicht kennst du jemanden, der woanders einen ähnlichen Job macht und den du über seine Arbeit ausfragen kannst. Was sind seiner Meinung nach wichtige Schlüsselkompetenzen, die du im Interview unbedingt in den Vordergrund stellen solltest?

Ähnliche Fragen kannst du übrigens auch Fremden stellen, wenn du sie in einem beruflichen Netzwerk auf eine nette Art und Weise ansprichst. Eine Kontaktanfrage oder E-Mail könnte zum Beispiel folgendermaßen lauten:

**BEISPIEL**

*Betreff: Recherche-Anfrage*

*Sehr geehrte Frau Meier,*

*wie ich Ihrem XING-Profil entnehmen kann, sind Sie als Marketing-Koordinatorin bei XYZ beschäftigt. Ich interessiere mich derzeit für eine ähnliche Tätigkeit und bin auf der Suche nach relevanten Informationen dazu. Dürfte ich Sie vielleicht um zehn Minuten Ihrer Zeit bitten und Sie einmal anrufen, um Ihnen kurz ein paar Fragen zu Ihrem Aufgabenfeld zu stellen?*

*Herzlichen Dank im Voraus.*

*Mit freundlichen Grüßen*

*[Name]*

Die meisten Menschen fühlen sich geschmeichelt, wenn sie um Rat gefragt werden, und helfen gerne. Wichtig ist, im Anschluss einer Zusage sofort einen Termin zu vereinbaren, diesen unbedingt pünktlich einzuhalten und dann auch das Zeitfenster zu respektieren. Drei oder vier Fragen sind angemessen, dann bedankst du dich für die freundliche Auskunft und die Zeit deines Gesprächspartners und schickst am besten auch noch einen kurzen Dank per E-Mail hinterher. Das macht einen guten Eindruck, und du kannst einen weiteren wertvollen Kontakt zu deinem Netzwerk hinzufügen.

## WARUM SOLLTE ICH AUSGERECHNET *HIER* ARBEITEN?

Sicher hast du dir schon im Vorfeld deiner Bewerbung Gedanken gemacht, warum du dich ausgerechnet für ein ganz bestimmtes Unternehmen oder eine ausgeschriebene Stelle inter-

**essierst. Jetzt, wo du zum Interview eingeladen wurdest, ist es gut, sich die eigenen Beweggründe noch einmal vor Augen zu führen, damit du den potenziellen Arbeitgeber im Gespräch auf Herz und Nieren prüfen kannst.**

- Bietet das Unternehmen gute Rahmenbedinungen?
- Wie sieht es mit Aufstiegschancen und langfristigen Karrieremöglichkeiten aus?
- Was kannst du in diesem Job oder in der Organisation lernen, das dir von Nutzen sein wird?
- Entspricht die Firmenkultur deinen Vorstellungen von einem angenehmen Arbeitsumfeld?
- Wirst du Spaß an der Tätigkeit haben?

**SIMONE PAULI, STUDENTIN PSYCHOLOGIE UND PROJEKTASSISTENTIN GESUNDHEIT:** »Die Situation: Bewerbungsgespräch um eine Stelle im Gesundheitsmanagement. Nach drei hochpsychologischen Tests zu Persönlichkeit, Kreativität, Konzentrationsfähigkeit und dem Talent, Briefe zu schreiben, sowie einer gut 30-minütigen Bombardierung mit Fragen zu Stärken / Schwächen meiner Person hat mein (zugegebenermaßen etwas unsympathisch wirkendes) Gegenüber die Runde für allfällige Fragen eröffnet. Da ich bereits total ausgeleuchtet und völlig ›nackt‹ am Tisch saß, bekam ich dann noch die Möglichkeit, mein Gegenüber auch etwas auszuziehen. Und was eignet sich da besser als der Trumpf unter den Trümpfen? Natürlich die einfachste aller Fragen:
›Wieso soll ich gerade bei Ihnen im Unternehmen einsteigen?‹
Einige Sekunden Ruhe und einen erstaunten Blick später folgte – vom sonst so wortgewandten, mich löchernden, potenziell-künftigen Chef – der Ball zurück. Ich hätte mich ja bei ihnen

beworben, da sollte ich schon wissen, was sie auszeichnet! Bei genauerem Nachfragen meinerseits folgten drei gestandene Minuten ›Gestaggele‹ sowie anschließend gut 15 Minuten Erklärung, wieso sie ach-so-toll sind. Ich habe geschmunzelt, dass so eine ›einfache‹ Frage so eine Reaktion auslöst und bin nach einigen Sätzen mit den Gedanken abgeschweift. Wieso ich unbedingt bei gerade dieser Firma arbeiten sollte, wurde für mich mehr und mehr zum unlösbaren Rätsel. Wo viel verlangt wird, sollte man ruhig etwas fordern können - und ein bisschen ›nackt‹ sein schadet auch dem potenziell-künftigen Chef nicht.«

Als Blogbeitrag erschienen am 5.10.2014 auf blog.buckmanngewinnt.ch/karriere-mit-system-das-umgekehrte-jobinterview/

## Platz für deine Notizen

# Warum aus gerechnet du?

Nachdem du alles Mögliche über den Arbeitgeber und die Position recherchiert hast, ist es an der Zeit, diese Informationen mit deinem eigenen Profil zu vergleichen. Warum bist ausgerechnet du der richtige Kandidat für diesen Job, und welche Vorzüge solltest du unbedingt im Jobinterview erwähnen?

In ihrer Coaching-Praxis hilft Irene Garnich ihren Kunden, sich ihrer Stärken und Talente bewusst zu werden und diese dann erfolgreich im Beruf einzusetzen.

**IRENE GARNICH, KARRIERE- UND TALENT-COACH:** »Konzentriere dich auf das, was du mitbringst, indem du Ideen über alle deine ›Ressourcen‹ sammelst. Dazu zählen neben Schule, Ausbildung oder Studium vor allem Praktika und Nebenjobs, aber auch ehrenamtliches Engagement oder Vereinsarbeit. Die Erfahrungen, die du gesammelt hast, sind dein Kapital, das du jetzt einbringst. Auch deine Persönlichkeit ist ein Bestandteil dieses Kapitals, schließlich sind deine Stärken und Talente die Lösung zum Problem des Hiring Managers! Was kannst du besonders gut? Was macht dir Spaß? Wenn es dir schwerfällt, diese Fragen spontan zu beantworten, kannst du auch deine Familie und Freunde fragen, was dich auszeichnet. Oftmals ist eine Einschätzung anderer noch viel effektiver als unsere verzerrte Selbstwahrnehmung.

Nun kannst du die Liste deiner Qualitäten und Ressourcen mit den Informationen zu Unternehmen und Position vergleichen. Was fällt dir auf? Wo gibt es Überschneidungen? Was macht dich zum idealen Kandidaten für diese Stelle?
Kennst du deine Stärken und Talente? Es ist immer leichter, auf das zu schauen, was du nicht hast, als auf das, was du hast.
Wenn du zuerst an deinen Schwächen arbeitest, dann wirst du mit großer Wahrscheinlichkeit in diesem Bereich besser werden. Du kannst z.B. einen Rhetorik-Kurs besuchen, und nachher wirst du deine rednerischen Fähigkeiten ein bisschen verbessert haben. Aber wirst du hier richtig gut werden, so wie jemand, der ein wirkliches Talent zum Reden hat? Wahrscheinlich nicht. Macht es also Sinn, Arbeit und Energie zu investieren, nur um mittelmäßig zu sein?
Schau dir die Menschen an, die in ihrem Leben etwas bewegt haben, die Außergewöhnliches erreicht oder geschaffen haben. Diese Menschen sind dafür bekannt, dass sie weniges außergewöhnlich gut können, und nicht dafür, dass sie auf allen Gebieten mittelmäßig sind.
Wenn du deine Talente entdeckst und die Überzeugung hast, diese zu leben, stehst du auf dem Sprungbrett zum Durchstarten. Dir stehen dann sämtliche Wege offen. Egal, ob du Schule, Ausbildung oder Studium beendet hast, einen Job finden oder den Job wechseln möchtest, dich selbstständig machst oder beruflich neue Wege einschlägst. Du weißt dann genauer, was du willst und was zu dir passt. Du hast dann vielleicht auch den Mut, Neues oder Unkonventionelles zu wagen. Dann bist du authentischer, hast Spaß, überzeugst und begeisterst andere. Habe Mut, sei offen und neugierig!«

**ÜBUNG** So wirst du dir deiner Stärken und Talente bewusst

### 1. Schritt: Sammle alle deine Ressourcen

Welche verantwortungsvollen Tätigkeiten hattest du bisher?

- ☐ Du warst Schüler- oder Studentensprecher.
- ☐ Du hast Vorlesungen oder Feste (mit)organisiert.
- ☐ Du hast anderen bei den Hausaufgaben geholfen.
- ☐ Du warst Babysitter.
- ☐ ______________________________

Hast du bereits ein Ehrenamt ausgeübt?

- ☐ Du hast eine Jugend- oder Sportgruppe geleitet.
- ☐ Du hast Geld für einen guten Zweck gesammelt.
- ☐ Du hattest eine Aufgabe in einem Verein.
- ☐ Du bist Ministrant gewesen.
- ☐ ______________________________

Hast du Geld mit einem Nebenjob verdient?

- ☐ Du hast als Verkäufer/in gearbeitet.
- ☐ Du hast in einem Restaurant bedient.
- ☐ Du hast Zeitungen ausgetragen.
- ☐ Du hast Artikel für eine Zeitung geschrieben.
- ☐ ______________________________

Warst du für längere Zeit im Ausland?

- ☐ Du hast einen Schüleraustausch gemacht.
- ☐ Du hast ein Jahr im Ausland gelebt.
- ☐ Du hast ein Auslandspraktikum absolviert.
- ☐ Du hast immerhin starkes Interesse für ein spezielles Land.
- ☐ ______________________________

Was machst du gern?

- ☐ Du sitzt Tag und Nacht vor dem PC.
- ☐ Du bastelst an deinem Fahrrad oder Mofa.
- ☐ Du machst gern Sport.
- ☐ Du diskutierst gerne.
- ☐ Du singst oder musizierst gerne .
- ☐ Du organisierst gern.

- [ ] Du liest viel.
- [ ] Du bist gern in der Natur.
- [ ] ______________________________

**2. Schritt: Hinterfrage deine Persönlichkeit**

Bist du ein vorsichtiger Typ, dem Sicherheit wichtig ist?

- [ ] Du möchtest einen guten und sicheren Job.
- [ ] Du magst nicht gern Veränderungen.
- [ ] Du denkst stets daran, was alles schiefgehen kann.
- [ ] Du traust dich oft nicht, etwas Neues auszuprobieren.

Bist du ein sozialer Typ mit Fokus auf Familie, Freunde und persönliche Beziehungen?

- [ ] Du verbringst deine Zeit gern mit anderen Menschen .
- [ ] Du bist fürsorglich und tust gern etwas für andere .
- [ ] Du hilfst, ohne zu überlegen, was du davon hast.
- [ ] Du denkst mehr an andere als an dich selbst.

Bist du ein neugieriger Mensch, der ständig Neues erleben will?

- [ ] Du bist kreativ und probierst gern Dinge aus.
- [ ] Du planst nicht viel im Voraus, sondern bist eher spontan.
- [ ] Du fährst immer woanders hin in den Urlaub.
- [ ] Du lernst gern neue Leute kennen.

Bist du ein Spezialist oder eine Spezialistin auf einem Gebiet?

- [ ] Du hast ein großes Faible für ein bestimmtes Thema.
- [ ] Du hast dir viel Wissen angeeignet und bist ein Experte .
- [ ] Du sammelst Informationen zu einem bestimmten Bereich.
- [ ] Andere Dinge interessieren dich nicht so sehr.

Bist du ein Stratege, der gerne etwas bewegt und Dinge umsetzt?

- [ ] Du hast große Ideen und setzt diese dann in die Tat um .
- [ ] Du löst gern komplexe Aufgaben.
- [ ] Du planst gern im Voraus, was du vorhast.
- [ ] Du bist ein Machertyp und kannst etwas bewegen .

### 3. Schritt: Denk über deine persönlichen Erfolge nach

Bist du mit etwas ausgezeichnet worden?

- ☐ Du hast einen Wettbewerb gewonnen.
- ☐ Du hast eine Medaille oder Urkunde erhalten.
- ☐ Du bist für deinen Einsatz geehrt worden.
- ☐ Du hast Abzeichen für erfolgreiche Prüfungen erhalten.
- ☐ ______________________________

Worin bist du besser als andere?

- ☐ Schul- oder Studienfach
- ☐ Sportabzeichen
- ☐ Begabungen
- ☐ Hobbys
- ☐ ______________________________

### 4. Schritt: Befrage deine Familie, deine Freunde beziehungsweise dein persönliches Netzwerk, was dich persönlich auszeichnet

- ☐ Was schätzen andere an dir?
- ☐ Was hast du für herausragende Eigenschaften?
- ☐ Was bist du für ein Typ?
- ☐ Wenn dich jemand um Hilfe bittet, worum geht es dabei?

## UND WAS HAT DAS ALLES MIT DEINEM TRAUMJOB ZU TUN?

In Bezug auf dein Jobinterview ist es nun wichtig, dir zu überlegen, welche Stärken und Talente du im Gespräch unbedingt erwähnen solltest. Folgende Fragen können dir dabei helfen:

- Was interessiert dich am Job, für den du interviewt wirst?
- Warum interessiert dich diese Firma?
- Was machst du gut, was das Unternehmen braucht?
- Was kannst du einbringen, was das Unternehmen vielleicht noch nicht hat?
- Welche Anforderungen aus der Stellenausschreibung decken sich mit deinem ganz persönlichen Profil?

Wie du deine Stärken und Talente konkret im Jobinterview einbringst, erfährt du in Kapitel 4: Und rein ins Vergnügen! – Wie du dich von deiner besten Seite zeigst.

## REFERENZEN? GEHALTSVORSTELLUNGEN? ÄH … TJA … ALSO …

Damit dir genau das *nicht* passiert, gehören auch diese Themen auf deine Vorbereitungsliste. Dabei klingt beides dramatischer, als es eigentlich ist. Das A und O ist es, dich in die Interessen des zukünftigen Arbeitgebers hineinzuversetzen. Was will das Unternehmen hören? Was kannst du bieten? Welche Referenzen kannst du angeben, die seriös und aussagekräftig sind? Wie bereitest du die Referenzgeber vor? Und was um alles in der Welt antwortest du auf die Gehaltsfrage?

## Eigenlob stinkt: Lass dich lieber von anderen loben

Nicht jeder Arbeitgeber verlangt Referenzen, aber es ist nicht ungewöhnlich, dass das Thema im Vorstellungsgespräch aufgegriffen wird. Für diesen Moment solltest du gewappnet sein und dir im Vorfeld gut überlegen, wen du als Referenz angeben willst. Üblich sind zwei bis drei Referenzen, die vor allem eins sein müssen: relevant. Das heißt im Klartext:

1. Die Referenzgeber sollten dich gut genug kennen, um aussagekräftige Kommentare abgeben zu können.
2. Sie sollten in der Lage sein, von konkreten Beispielen zu berichten, anstatt nur allgemeine Pauschalaussagen zu machen.
3. Sie sollten auch kurzfristig erreichbar sein und sich die Zeit nehmen, ein Referenzgespräch zu führen.

Besonders gut eignen sich natürlich Lehrer, Ausbilder, Dozenten, ehemalige Vorgesetzte, Kunden oder Kollegen als Referenzgeber. Aber auch Referenzen aus dem Freizeitbereich können Eindruck machen: Bist du politisch engagiert? Gruppenleiter bei den Pfadfindern? Oder Mitglied der Freiwilligen Feuerwehr? Dann frage auch gerne eine Führungsperson aus diesen Bereichen, ob du sie als Referenz angeben darfst. Wichtig ist, dass deine Referenzgeber über die Eigenschaften Auskunft geben können, die für den Job wichtig sind, um den du dich bewirbst. Wenn nicht explizit danach gefragt wird, sind Familienmitglieder und Freunde als Referenzgeber grundsätzlich tabu!

**Von der family loben lassen kommt nicht gut!**

## Vorbereitung deiner Referenzgeber

Es gehört zum guten Ton, die entsprechenden Personen *vorher* zu fragen, ob du sie als Referenz angeben kannst, schließlich brauchst du ihr Einverständnis, damit du ihre persönlichen Kontaktdaten wie Telefonnummer oder E-Mail-Adresse an Dritte herausgeben darfst. Die meisten Referenzen werden noch immer telefonisch eingeholt, wobei es inzwischen auch vorkommt, dass Referenzgebern ein Fragebogen per E-Mail zugeschickt wird. Ihnen vorher zu sagen, welche Firma sich möglicherweise bei ihnen melden wird, gehört sich nicht nur, sondern kann auch verhindern, dass entsprechende E-Mail-Anfragen im Spam-Ordner landen. Wenn du nach deiner Recherche also weißt, was für das Unternehmen und die Position wichtig ist und welche Qualifikationen du einbringst, überlegst du dir am besten, wer diese Eigenschaften an dir kennt und als seriöse Referenz beeindruckt.

## Kohle nicht vergessen: Gehaltsspanne definieren

Um im Gespräch kompetent auf die Gehaltsfrage antworten zu können, brauchst du eine gesunde Einschätzung deines Marktwerts. Auch das gehört zur Vorabrecherche, und wieder ist das Internet eine umfangreiche Quelle. Gehaltstabellen gibt es inzwischen jede Menge, oftmals aufgesplittet nach Funktionen, Regionen und Branchen. Fast jede Online-Jobbörse stellt entsprechende Informationen zur Verfügung. Gib einfach das Stichwort »Gehaltstabelle« in deine Suchmaschine ein, und es gibt Tausende von Treffern. Allerdings sind ein paar Vorsichtsmaßnahmen zu berücksichtigen, um mit derartigen Informationen keinen Schiffbruch zu erleiden:

- **Aktualität:** Unbedingt überprüfen, wann eine Gehaltsinformation das letzte Mal aktualisiert wurde!
- **Umfeld:** Das regionale Umfeld spielt unter Umständen eine große Rolle und kann zu signifikanten Schwankungen beziehungsweise Abweichungen von einer Tabelle führen.
- **Lebenshaltungskosten:** Um eine klare Ansage machen zu können, wie viel du verdienen musst, um dir dein Leben finanzieren zu können, ist es ratsam, dass du dir auch Gedanken zu deinen Lebenshaltungskosten machst.

**Wie alle Daten im Internet sollte man auch Gehaltstabellen kritisch hinterfragen, ob sie tatsächlich sinnvoll und zutreffend sind. Sieh dir mehrere Quellen an und such dir dann eine durchschnittliche Gehaltsspanne.**

**ÜBUNG** Stell dich vor den Spiegel und sieh dir ins Gesicht. Jetzt sagst du laut und selbstbewusst: »Unter Berücksichtigung der Aufgaben und Verantwortungen dieser Position würden meine Gehaltsvorstellungen bei XXX Euro liegen.« – Wie fühlst du dich, wenn du das sagst? Wie sehen deine Gesichtszüge aus? Bleibst du entspannt und seriös, oder sieht man dir dein Unbehagen an? Solange du nicht vollkommen neutral und sachlich diesen Satz herausbringst, hast du noch nicht genug Vertrauen in deine eigene Vorbereitung. Denn wenn du weißt, dass du mit einer realistischen Zahl ins Gespräch gehst, dann geht dir dieser Satz problemlos über die Lippen.

# Wann, wo, wie?

Zur optimalen Interviewvorbereitung gehören auch ganz einfache praktische Überlegungen: Wie komme ich zum Interview? Wann muss ich los, damit ich pünktlich da bin? Was soll ich mitbringen? Und in was für eine Tasche packe ich das ganze Zeug?

Unsere Profi-Tipps und Checklisten helfen auch Chaoten, sich zu organisieren. Ja, das ist ein bisschen Aufwand, der sich aber bezahlt macht. Versprochen.

Damit du entspannt in den Tag starten kannst, wenn es so weit ist, suchst du dir im Vorfeld nicht nur die genaue Adresse des Interview-Ortes heraus, sondern überlegst dir vor allem auch, wie du da hinkommst. In der Regel gibt es - mindestens - zwei Möglichkeiten: Selber fahren oder öffentliche Verkehrsmittel nehmen. Beides hat seine Vor- und Nachteile: In der folgenden Übersicht haben wir sie aufgelistet.

**Gut geplant ist halb gewonnen**

| | VORTEILE | NACHTEILE |
|---|---|---|
| Im Pkw selbst hinfahren | ▶ Du bist zeitlich flexibler, weil du genau dann losfahren kannst, wann es dir passt.<br>▶ Wenn du gerne Auto fährst, entspannt dich vielleicht die Fahrt und lenkt dich von deiner Nervosität ab.<br>▶ Du bist wetterunabhängig und kommst auch bei Regen trocken zum Interview.<br>▶ Wer unbequeme Schuhe trägt, ist froh um jeden Meter, den er nicht laufen muss. | ▶ Probleme im Straßenverkehr können deine Ankunft verzögern.<br>▶ Du musst dich auf den Verkehr konzentrieren und kannst innerlich nicht noch mal deine Notizen oder Fragen und Antworten durchgehen.<br>▶ Wenn du dich in der Gegend nicht gut auskennst und die Zeit knapp wird, könntest du zusätzlich nervös werden.<br>▶ Das Parken kann zum Problem werden, wenn du entweder keinen Parkplatz findest, nicht genug Kleingeld für die Parkuhr dabei hast oder das Interview unerwartet länger dauert. |
| Öffentliche Verkehrsmittel | ▶ Du musst dir um den Straßenverkehr keinen Kopf machen und kannst völlig entspannt bleiben.<br>▶ Du kannst dir noch mal in aller Ruhe deine Notizen und Unterlagen durchlesen.<br>▶ Parkplatzstress kann dir egal sein.<br>▶ Du musst dich nicht auskennen, solange du weißt, an welcher Haltestelle du ein-, aus- oder umsteigen musst. | ▶ Auch im öffentlichen Verkehr kann es zu Verspätungen kommen.<br>▶ Du bist an Fahrpläne gebunden und musst gegebenenfalls längere Fahrzeiten in Kauf nehmen.<br>▶ Wenn du teilweise zu Fuß unterwegs bist, ist schlechtes Wetter Gift für Schuhe, Frisur und Kleidung.<br>▶ Blasen aufgrund unbequemer Schuhe sind schmerzhaft und nicht wirklich hilfreich. |

Von einer Anfahrt per Fahrrad ist grundsätzlich eher abzuraten. Der Radsessel ist ungünstig für Röcke und verursacht unschöne Falten an Hosen, der Helm ruiniert die frisierten Haare, und mit Hosenklemmen am Bein und Fahrradhelm in der Hand zum Interview aufzuschlagen macht nicht unbedingt den besten ersten Eindruck. (Es sei denn, du bewirbst dich um eine Stelle als Fahrradkurier!)

Wenn das Interview in deiner Stadt oder in erreichbarer Nähe stattfindet, lohnt es sich, den Weg gegebenenfalls ein paar Tage vor deinem Interviewtermin schon einmal komplett abzufahren. So kannst du nicht nur die Fahrzeit besser einschätzen, sondern auch eine verspätete Ankunft wegen überraschender Umleitungen oder Baustellen vermeiden. Auch wenn du mit öffentlichen Verkehrsmitteln unterwegs bist, ist ein vorheriges Abfahren der Strecke sinnvoll, so weißt du bereits, wo du dich beim Umsteigen eventuell beeilen musst, von welchem Gleis die Bahn abfährt oder ob die Bushaltestelle vielleicht um die Ecke liegt und deshalb nicht gleich zu sehen ist. Grundsätzlich gilt: Alles, was dir hilft, am Tag X weniger nervös zu sein, ist gut!

**Profi-Tipp zur Anfahrt: Weg vorher abfahren**

So oder so, rechtzeitig losfahren, ausreichend Pufferzeit einbauen, einen Plan B parat haben und im Vorfeld nach Parkmöglichkeiten rund um den Interviewort oder nach der nächsten Haltestelle fragen – all das ist wichtig, wenn es um die Anfahrt geht. Außerdem schickt dir das Unternehmen normalerweise vor dem Gespräch eine Übersicht deiner Termine, Interviewpartner und/oder Ansprechpartner samt einem Hinweis, wo oder bei wem du dich auf dem Firmengelände melden sollst, wenn du ankommst. Druck dir diese extrem wichtige Übersicht sowie einen Umgebungsplan und gegebenenfalls deinen Fahrplan aus! Alles nur auf dem Smartphone zu haben ist toll, was aber, wenn dir das Gerät unterwegs geklaut wird, der Akku plötzlich kaputtgeht oder du keinen Empfang hast? Manchmal ist ein gutes altes Blatt Papier schlichtweg Gold wert.

**Warum Papier besser sein kann als das Smartphone**

Vorbereitungs-Checkliste

- Du weißt, wo das Interview stattfindet (genaue Adresse).
- Du hast den Namen einer Kontaktperson sowie eine Telefonnumer »für alle Fälle« parat.
- Du hast deinen Fahrplan beziehungsweise deinen Anfahrtsweg sorgfältig recherchiert und genug Pufferzeit eingebaut.
- Alles liegt ausgedruckt bereit zum Mitnehmen.
- Du weißt, wo du parken kannst, und hast genug Kleingeld für einen eventuell benötigten Parkschein dabei.
- Du weißt, an welcher Haltestelle du aussteigen mußt, und hast genug Kleingeld für etwaige Fahrkartenautomaten dabei.
- Du hast dein Handy aufgeladen und fährst mit vollem Akku los.

## Ich packe meinen Koffer und nehme mit …

Gut organisiert zu sein bedeutet neben der cleveren Infosammlung aber auch, für alle Fälle gewappnet zu sein. Das heißt, du solltest ein paar wichtige Dinge dabeihaben, die dir vielleicht im ersten Moment überflüssig vorkommen, die du aber im Ernstfall sehr vermissen wirst. Bevor wir uns einer entsprechenden Checkliste zuwenden, stellt sich noch die Frage: In was für eine Tasche steckst du das ganze Zeug eigentlich? Klar, Frauen haben in der Regel eine Handtasche dabei, aber da passen nicht immer alle Unterlagen rein, und was machen überhaupt die Herren der Schöpfung? Handtasche geht ja wohl schlecht.

Häufig erscheinen junge Bewerber mit Rucksäcken zum Jobinterview. Das ist nicht zwangsläufig verkehrt, aber wenn es derselbe Rucksack ist, der auch zu deinem Skater-Outfit passt, dann ist er für ein Bewerbungsgespräch weniger angemessen.

ERST ESSEN

DANN ZÄHNE PUTZEN

DANN ANZIEHEN

Am besten geeignet ist immer noch eine seriöse Aktenmappe oder eine schlichte Laptoptasche. Da passen Unterlagen in DIN-A4-Format rein und noch ein paar Dinge mehr. So eine Tasche sieht professionell aus und hinterlässt beim Tragen keine Falten in der Kleidung (was zum Beispiel beim Rucksack passieren kann). Außerdem ist genug Platz für Broschüren, die du vielleicht beim Vorstellungsgespräch ausgehändigt bekommst.

Den Damen sei geraten, insgesamt nur eine Tasche mitzunehmen und nicht noch zusätzlich eine Handtasche zu tragen. Es sieht ein wenig albern aus, wenn du vollbepackt zum Interview erscheinst und kaum die Hand geben kannst, weil du keine mehr frei hast!

## Einpack-Checkliste

- ✓ Voll aufgeladenes Handy
- ✓ Wenn kein Handy, dann zumindest eine Armbanduhr
- ✓ Make-up zum Nachschminken und Ersatz-Nylonstrumpfhose für die Damen
- ✓ Taschentücher
- ✓ Ggf. ein Regenschirm
- ✓ Ausreichend (Klein-)Geld (bei Interviews im Ausland an die ausländische Währung denken!)
- ✓ Personalausweis (bei großen Firmen musst du dich möglicherweise ausweisen, um reingelassen zu werden)
- ✓ Notizblock (nicht zerfleddert) und funktionierender Kugelschreiber (kein Billigkuli)
- ✓ Ein Ohnmachtshappen (z.B. Müsli-Riegel oder Nussmischung)
- ✓ Eventuell etwas zu Trinken für zwischendurch, besonders an heißen Tagen (eine kleine Wasserflasche macht einen besseren Eindruck als eine Dose Red Bull)
- ✓ Deine **kompletten** Bewerbungsunterlagen

Apropos komplette Bewerbungsunterlagen: Wenn von der Firma nicht anders vorgegeben, gehören diese Unterlagen zur Mindestausstattung einer ordentlichen Bewerbungsmappe, und zwar in dieser Reihenfolge:

- Persönliches Anschreiben, fehlerfrei und tadellos
- Deckblatt mit professionellem Bewerbungsfoto
- Tabellarischer Lebenslauf, unterschrieben und mit aktuellem Datum
- Akademische Zeugnisse und Ausbildungsnachweise
- Relevante Arbeitszeugnisse oder Praktikumsnachweise
- Sonstige Anlagen wie Bescheinungen, Zertifikate, Referenzschreiben

Eine Vielzahl an Webseiten gibt ausführliche Tipps zur Gestaltung von Bewerbungsmappen. Übrigens: Auch wenn du mehrere Gesprächstermine hast, brauchst du nur *eine* Mappe pro Unternehmen mitzubringen. Am besten fragst du den ersten Interviewer, wem du die Mappe übergeben sollst. Es ist allerdings sinnvoll, für jedes Gespräch eine Kopie deines Lebenslaufs dabeizuhaben. Falls dein Interviewpartner mit leeren Händen kommt, kannst du ihm freundlich einen anbieten mit dem Hinweis, dass du deine vollständige Bewerbungsmappe an Herrn/Frau Sowieso übergeben hast.

**BEWERBER-TIPP VON YPSILONER JAN THOMAS OTTE:** »Man kann sich zwar methodisch vorbereiten, aber letztlich hängt doch viel von deiner Tagesform und vom Interviewer ab. Versuch, du selbst zu bleiben, ohne dich zu verbiegen beziehungsweise ohne dich angreifbar zu machen. Im Arbeitsleben geht's vor allem um deine Leistung, deine Person interessiert da (leider) nur am Rande …«

# Outfit: Keine Qual der Wahl

»Was soll ich bloß anziehen?« Die Antwort darauf hängt zwar zu einem großen Teil vom Job und der Branche ab, aber damit du nicht morgens verzweifelt vor dem Kleiderschrank stehst oder hektisch deine sieben Sachen zusammensuchst (und dann doch die Hälfte vergisst), findest du hier ein paar hilfreiche Profi-Tipps und Checklisten.

Das Image, das deine äußere Erscheinung und dein Auftreten vermitteln, ist maßgeblich, damit dein erster Eindruck beim Jobinterview nicht auch der letzte ist. Dein äußeres Erscheinungsbild ist wesentlich, denn das menschliche Gehirn braucht nur eine Zehntelsekunde, um ein Urteil über eine unbekannte Person zu fällen. Dabei macht es keinen großen Unterschied, ob man die Person nur wenige Sekunden sieht oder ein halbstündiges Interview mit ihr führt. Hat ein Beobachter mehr Zeit zur Einschätzung, ändert sich lediglich die Sicherheit, mit der er sein Urteil fällt, wie US-Forscher von der Princeton University zeigten. Im Klartext heißt das: Bist du dem Interviewer auf Anhieb sympathisch, wird sich dieser erste Eindruck im Verlauf des Gesprächs wahrscheinlich verstärken. Hat der Interviewer dagegen einen ersten negativen Eindruck von dir, ist er nach dem Interview wahrscheinlich nur noch mehr davon überzeugt, dass du nicht der richtige Kandidat bist. Mit anderen Worten: Ein toller erster Eindruck kann dir vor anderen Bewerbern einen entscheidenden Vorsprung verschaffen, während ein schlechter erster Eindruck im Gespräch nur schwer wiedergutzumachen ist!

**Der Mensch ist, was er anhat**

## SO KNACKST DU DEN DRESSCODE

Obwohl es nach neuesten Forschungsergebnissen vor allem die Gesichtszüge sind, die über den ersten Eindruck einer Person entscheiden, kann ein positiver Gesamteindruck deines Erscheinungsbildes nicht schaden. Schließlich arbeiten wir alle lieber mit Menschen zusammen, die uns sympathisch sind. Dein Interviewer ist da keine Ausnahme. Deshalb ist es im Zuge deiner Interviewvorbereitung ein paar Überlegungen wert, welches Outfit du für deinen Termin auswählst.

Informiere dich hinsichtlich der Kleiderordnung an deinem potenziellen Arbeitsplatz. Selbst wenn es keine formellen Regeln gibt, herrscht doch fast überall ein »implizierter Dresscode«, von dem stillschweigend erwartet wird, dass ihn die Mitarbeiter erfüllen. Frage dich zum Beispiel, ob die jeweilige Branche eher förmlich, traditionell, locker oder modern ist. Bilder und Videos auf der Webseite des Unternehmens oder Mitarbeiter-Profilbilder in sozialen Netzwerken können wertvolle Anregungen geben, wenn dir das Arbeitsumfeld ansonsten gänzlich unbekannt ist.

Dass deine Kleidung sauber und ordentlich (sprich gebügelt!) sein sollte, ist selbstverständlich. Auch dass du die richtige Größe trägst, die Hosenbeine nicht zu kurz oder die Ärmel nicht zu lang sind, ist irgendwie logisch. Es nützt nämlich rein gar nichts, sich in Größe 38 zu zwängen, wenn man eigentlich Größe 42 hat. Und auch wenn dein Outfit nicht unbedingt der neuesten Mode entsprechen muss, sitzt dein Konfirmationsanzug höchstwahrscheinlich nicht mehr optimal. Tatoos und Piercings können Interviewer älterer Generationen abschrecken und sind dem positiven ersten Eindruck in vielen Fällen nicht förderlich. Von grellen Farben ist genauso abzuraten wie von auffälligen Assessoires oder unpassenden Armbanduhren. Ausgelatschte Schuhe gehören genauso wenig an deine Füße wie Flip-Flops (egal, wie heiß es ist), das Hemd gehört in die Hose gesteckt, und wenn du keine Krawatte binden kannst, dann lass dir helfen. Bei Herren gibt es - abgesehen mal von der Krawatte - ohnehin eher weniger Variationsmöglichkeiten als bei den Damen.

**Konfirmationsanzug lieber im Schrank lassen**

**Die folgenden Dresscode-Tipps stammen von Joanna Gaudoin, Image-Expertin und Inhaberin von Inside Out, London:**

- Das Grundprinzip für ein Jobinterview lautet, sich im Zweifelsfall lieber ein bisschen seriöser zu kleiden. Ein Anzug oder Kostüm ist (fast) immer eine sichere Option.
- Jedes Outfit hat einen Fokus. Sei es, weil dort ein Farbtupfer sitzt, ein großes Muster oder ein raffiniertes Assessoire. Man sollte sich bewusst machen, wo das Outfit seinen Fokus hat und ob man damit glücklich ist, dass die Aufmerksamkeit des Gesprächspartners auf diesen Bereich gelenkt wird.
- Vertikale Linien oder Muster sind gut geeignet, um jemanden optisch größer und schlanker erscheinen zu lassen. Dieser Eindruck kann mehr Präsenz verleihen.
- Der Schnitt der Kleidung sollte der Figur schmeicheln.
- Die Farbauswahl kann Authorität oder Zugänglichkeit im Interview vermitteln: Starke Kontraste steigern die Wahrnehmung von Autorität.
- Ungepflegte Details können negativ auffallen, wie Ziehfäden, unsaubere Fingernägel, ausgeleierte Strümpfe oder Laufmaschen in der Nylonstrumpfhose und so weiter.
- Das gesamte Outfit sollte ein paar Tage vor dem Termin komplett überprüft werden, falls es noch einmal gewaschen oder gereinigt werden muss.

## Dresscode-Tipps für Herren

- Gekämmte Haare kommen besser an als ein hipper »Out-of-Bed-Look«. Wer kurze Haare trägt, geht besser etwa eine Woche vor dem Termin noch einmal zum Friseur. Auch wenn man es im Spiegel nicht sieht, kann das Nackenhaar oft schon ein Nachschneiden gebrauchen.

- Ein gebügeltes Hemd ist Pflicht, und lange Ärmel sind besser als kurze.
- Wenn Krawatte, dann gerne als Blickfang, aber passend zum Anlass (also bitte kein Homer-Simpson-Muster drauf!).
- Im Zweifelsfall ist ein dunkler Anzug immer eine gute Wahl; je nach Umfeld darf es ein klassisches oder modernes Modell sein.
- Dunkle Strümpfe (keine kurzen Socken!) sind ein Muss.
- Schuhe polieren nicht vergessen!
- Das Thema Schmuck am Mann ist umstritten, deshalb gilt vorsichtshalber: Weniger ist mehr.

## Dresscode-Tipps für Damen

- Lange Haare wirken zusammengebunden oder hochgesteckt seriöser.
- Dezentes Make-up setzt die Gesichtszüge gekonnt in Szene.
- Tiefe Ausschnitte und überhaupt ein sexy Look sind Tabu – schließlich will frau eingestellt werden, weil sie qualifiziert ist, und nicht, weil sie gut aussieht (es sei denn, es handelt sich um eine Bewerbung als Model).
- Passender Schmuck und andere Assessoires (Halstücher, Haarspangen, Handtaschen) können raffinierte Akzente setzen.
- Auffälliger Nagellack fällt in die gleiche Rubrik wie Tatoos und Piercings (siehe oben).
- Wenn Rock, dann mindestens knielang und knitterfrei.
- Bei den Schuhen empfiehlt es sich, nicht zu hohe Absätze zu wählen, auch das wirkt seriöser, und man weiß nie, wie groß der Interviewer sein wird …

- Beim Outfit gibt es vor allem drei Risikofaktoren: durchscheinende Unterwäsche (besonders BHs bei hellen Blusen), durchsichtige Stoffe (ins Gegenlicht stellen ist ein guter Test) und verräterische Linien der Unterhose an Po und Hüften (lieber »unsichtbare« Unterwäsche tragen).

**Folgende Checkliste hilft dir, dein Outfit rechtzeitig auf Vordermann zu bringen:**

### Outfit-Checkliste

- ✓ Du hast dir mindestens drei Tage vorher überlegt, was du anziehen willst, und alles komplett einmal anprobiert (inklusive Krawattebinden geübt!).
- ✓ Du hast sorgfältig überprüft, dass alle Kleidungsstücke sauber und heil sind.
- ✓ Du hast bei Bedarf noch mal Teile gewaschen beziehungsweise zur Reinung gebracht.
- ✓ Du hast deine Schuhe geputzt, Hemd oder Bluse gebügelt und am Abend vorher alles zurechtgelegt.
- ✓ Tag X: Du hast frisierte Haare, saubere Fingernägel und keine Speisereste zwischen den Zähnen.
- ✓ Du hast nicht zu viel Parfum oder Rasierwasser aufgetragen – eine Duftwolke, egal welcher Marke, haut jeden Interviewer um!
- ✓ Du hast dich vor dem Losgehen noch mal von allen Seiten im Spiegel angeschaut, ob alles sitzt.

# Cool bleiben

Der Tag X naht, dich überkommen schon jetzt Anflüge von Panik? Für die meisten von uns bedeutet ein Vorstellungsgespräch Stress. Unser Körper reagiert auf Stressoren mit verschiedenen Stressreaktionen, und das häufig schon im Vorfeld, weil wir schon im Voraus nervös sind. Um dich mental auf dein Interview vorzubereiten, gibt es hier ein paar wertvolle Tipps.

Bei einer körperlichen Stressreaktion werden Stresshormone ausgeschüttet, wodurch sich die Atemfrequenz erhöht, Herz und Kreislauf werden belastet. Die Blutgefäße verengen sich, der Blutdruck steigt, es kommt zu vermehrter Schweißbildung. Magen- und Darmaktivitäten werden reduziert. Folgen können Durchfall, Übelkeit und Erbrechen sein. Typische Reaktionen sind zudem Herzrasen, Kurzatmigkeit, Erröten und ein trockener Mund. Konzentrationsmangel, Leere im Kopf (Blackout) und Gedankenkreisel sind mögliche Folgen. Angst und Panik können sich ausbreiten. Die gesamte Skelettmuskulatur ist angespannt. Dies zeigt sich durch Verspannungen zum Beispiel im Schulter- und Nackenbereich sowie der Gesichts- und Sprechmuskulatur. Weitere muskuläre Reaktionen können Fingertrommeln, Fußwippen, Zuckungen, Zittern, Stottern und Zähneknirschen sein. Na, kommt dir das irgendwie bekannt vor?

## ÜBUNG MACHT DEN MEISTER

Um deinen Körper vor diesen Stressreaktionen zu bewahren, muss dein Gehirn verstehen, dass es sich nicht in einer Stresssituation befindet. Indem du dein Gehirn trainierst und die vermeintlich »gefährliche« Situation einige Male im Voraus durchlebst, kannst du dir selbst die Angst vor dem Ernstfall nehmen. Mit anderen Worten: Übe dein Jobinterview so, als wenn du mittendrin steckst. Dazu gehört zum einen, dass du dir überlegst, welche Fragen dir deine Interviewer sehr wahrscheinlich stellen werden und wie du darauf antwortest. Zum anderen gehört natürlich auch dazu, dass du dir selber Fragen ausdenkst, die du im Gespräch stellen willst.

Wie du zielsicher Interviewfragen beantwortest und welche Fragen du unbedingt stellen solltest, erfährst du in Kapitel 4. An dieser Stelle geht es hauptsächlich darum, dein eigenes Interviewtraining so real und effektiv wie möglich zu machen. Dafür reicht es zum Beispiel nicht, dir nur still im Kopf zu überlegen, was du sagen oder fragen *würdest*. Etwas ganz anderes ist es, die Dinge laut auszusprechen. Noch besser wird es, wenn du dich selber beim Üben filmst. Das setzt deinen Körper zusätzlich unter Stress und kommt der Realität somit noch einen Schritt näher. Außerdem hat es den Vorteil, dass du dir die Aufnahmen hinterher ansehen und an deinen Schwachpunkten arbeiten kannst. Achte beim Ansehen der Aufnahmen nicht nur auf das, *was* du sagst, sondern auch darauf, *wie* du es sagst. Sprichst du laut und deutlich oder hast du eine Tendenz zu nuscheln? Benutzt du viele Füllwörter, machst du »Äh-Pausen« beim Sprechen oder redest du lange um den heißen Brei herum, bevor du zum Punkt kommst? All das sind häufige Fehler, die du prima selber entdecken und korrigieren kannst, wenn du entsprechend übst. Die Königsklasse des Interviewübens ist natürlich, wenn dir eine echte Person gegenübersitzt. Möglicherweise kannst du einen Freund oder eine Freundin bitten, dir zu helfen und den Part des Interviewers zu übernehmen, oder du investierst tatsächlich in einen professionellen Interview-Coach. Egal, wer dir beim Üben gegenübersitzt, er oder sie sollte auf jeden Fall in der Lage sein, dir offen und ehrlich Feedback zu geben, damit du deine Interviewfertigkeiten optimieren kannst.

**Werde dein eigener Filmstar**

## Spieglein Spieglein an der Wand ...

Mindestens genauso wichtig ist es, deine Körpersprache genau unter die Lupe zu nehmen. Zum Üben deiner Körpersprache eignet sich ein größerer Spiegel. Der amerikanische Psychologe Albert Mehrabian hat die zwischenmenschliche Kommunikation auf ihre Bestandteile Inhalt, Stimme und Mimik hin untersucht und herausgefunden, dass die Stimmelemente beim Transfer der eigentlichen Nachricht 5,4-mal stärker ins Gewicht fallen als die Worte. Die Gesichtsausdrücke des Sprechenden sind sogar noch 1,5-mal stärker als die stimmlichen Elemente. Somit lohnen sich ein Blick in den Spiegel und ein gezieltes Trainig deiner Mimik. Aber auch der Rest deines Körpers kommuniziert, ob du dir dessen bewusst bist oder nicht. Achte also auf folgende Aspekte:

- **Haltung** – eine gesunde Körperspannung beim Stehen, Gehen oder Sitzen wirkt immer selbstbewusster, dynamischer und tatkräftiger.
- **Gesichtsausdruck** – zu einer freundlichen, aufgeschlossenen Mimik gehören ein sympathisches Lächeln und positive Ausstrahlung.
- **Augenkontakt** – sieh deinem Gegenüber in die Augen, ohne zu starren; du kannst deinen Blick auch auf Nase oder Mund richten, wenn es dir unangenehm ist, jemandem in die Augen zu sehen.
- **Handschlag** – ein fester Handschlag ist essenziell, um einen professionellen, vertrauenswürdigen Eindruck zu machen.
- **Sitzhaltung** – ideal ist eine aufrechte Haltung, nicht zu sehr vor- oder zurückgelehnt, Schultern runter, Kopf hoch.
- **Arme und Hände** – gekreuzte Arme sind Tabu, ebenso heftiges Gestikulieren; stattdessen die Hände ruhig und entspannt halten.
- **Beine und Füße** – die Beine zu kreuzen ist in Ordnung, wenn der obere Fuß nicht dazu benutzt wird, nervös zu wippen!

**ÜBUNG** Körperwahrnehmung: Stell dich vor einen Spiegel und probiere verschiedene Körperhaltungen und Gesichtsausdrücke aus.

- ❑ Wie siehst du aus, wenn du richtig »schluffig« dastehst? Wie fühlst du dich dabei?
- ❑ Wie siehst du aus, wenn du eine gesunde Körperspannung einnimmst? Wie fühlst du dich dabei?
- ❑ Wie fühlt es sich an, die Schultern hochzuziehen und den Rücken zu verspannen? Was ist das Gegenteil davon?
- ❑ Wie sieht es aus, wenn du die Arme verschränkst? Wie könnte dein Gesprächspartner diese Haltung deuten?
- ❑ Wie sieht eine offene Arm- und Handhaltung aus?
- ❑ Wie kannst du dezent mit den Händen gestikulieren und deine Aussagen unterstreichen, ohne dabei fahrig und nervös zu wirken?
- ❑ Wie sieht dein Gesicht freundlich und aufgeschlossen aus?
- ❑ Was ist dein sympathischstes Lächeln?
- ❑ Wie kannst du mittels Körpersprache Aufmerksamkeit und Interesse ausdrücken und dabei authentisch bleiben?
- ❑ Probiere Letzteres auch beim Sitzen an einem Tisch: Wie genau sitzt du da, wie weit bist du vor- oder zurückgelehnt, wenn du Motivation und Offenheit zum Audruck bringen willst?

# DAS JOBINTERVIEW ALS SPITZENSPORT

Genau wie Sportler ihrem Körper Höchstleistung abverlangen, so kannst auch du dich zur Bestmarke pushen und dabei ganz cool bleiben. Zwei wichtige und gleichzeitig einfache Techniken helfen dir dabei: das Visualisieren und das Entspannen.

## Bau dir ein Luftschloss und sei darin König

Das Visualisieren zählt zu den am häufigsten angewendeten Techniken des psychologischen Trainings. Viele Sportlerinnen und Sportler setzen diese Technik ein. Beim Visualisieren stellt sich der Athlet eine Situation oder Bewegung vor und simuliert mental ein reales Ereignis. Genau das kannst du auch: Du lässt im Kopf einen Film ablaufen, den du selbst steuern und bewusst lenken kannst. Dieses Bewusstmachen hat einen starken Einfluss auf dein Verhalten und deine Leistung. Allerdings beruht das Visualisieren nicht nur auf dem bildlichen Vorstellungsvermögen. Du versuchst vielmehr mit allen Sinnen, ein inneres mentales Bild aufzubauen, und reproduzierst sozusagen eine innere mentale Wirklichkeit. Dabei kannst du vor deinem geistigen Auge zwei Perspektiven ablaufen lassen: Einerseits kannst du dir die Wirklichkeit der Interviewsituation auf Bildern in deiner Innensicht reproduzieren. Andererseits kannst du dich mittels deiner Vorstellungskraft aus der Sicht einer dritten Person oder wie auf einer Videoaufnahme von außen betrachten. Beides sind effektive Visualisierungsmethoden.

**ÜBUNG** Die Orangenübung: Ein geistiges Bild wird lebendiger, sobald du deinen Gehörsinn und das Körpergefühl, den Geruchs- oder auch Geschmackssinn mit einbeziehst. Diese Übung dauert etwa 5 bis 10 Minuten. Für die Durchführung brauchst du eine Orange und entweder jemanden, der dir die Anweisungen vorliest, oder du nimmst deine Stimme vorher kurz auf dem Smartphone auf und spielst die Aufnahme während der Übung ab. Der folgende Text wird zweimal vorgelesen. Beim ersten Mal führst du die Instruktionen tatsächlich aus. Beim zweiten Mal stellst du dir nur

vor, wie du die Anweisungen umsetzt (du visualisierst). Der erste Durchgang bezweckt, für den Visualisierungsvorgang möglichst alle Sinne anzuregen. Du sprichst:
»Greif die Orange, die vor dir liegt. Nimm die Farbe wahr. Welche Farbe hat sie? Taste mit den Fingern die Oberfläche der Orange ab und beachte den Geruch. Beobachte, wie es spritzt, wenn du deine Fingernägel in die Orangenschale eingräbst. Nimm während des Schälens den Geruch der Orange wahr. Beachte die Geräusche, die während des Schälens und Trennens der einzelnen Stücke entstehen. Spüre den klebrigen Saft an deinen Fingern. Beiße und kaue die einzelnen Stücke der Orange und nimm den Geschmack und das Gefühl der Orange in deinem Mund und auf deinen Zähnen wahr.«
Beim zweiten Mal, dem Visualisierungsdurchgang, wird folgender Text vorangestellt: »Nimm eine bequeme Körperhaltung ein und schließe die Augen. Atme gleichmäßig und ruhig. Stell dir Folgendes vor: Vor dir liegt eine Orange ...«.
Na, spürst du, wie dir das Wasser im Mund zusammenläuft?

Quelle: Birrer, D., Morgan, G., Ruchti, E. (2010). *Psyche – Theoretische Grundlagen und praktische Beispiele*. Magglingen: BASPO.

**Auf die gleiche Art und Weise kannst du dein Jobinterview visualisieren. Stell dir vor, wie du am Interviewort eintriffst und wie du dich entspannt, locker und selbstbewusst fühlst. Spüre, wie du den Interviewraum betrittst. Wie sieht er aus? Ist der Raum eher warm oder kühl? Nimmst du einen Geruch wahr? Welche Sitzhaltung nimmst du ein? Wie fühlt sich der Stuhl an, auf dem du sitzt? Wenn du die Hände auf den Tisch vor dir legst, wie fühlt sich die Oberfläche an? Fühle, wie du positiv, freundlich und aufgeschlossen bist. Was hörst du, wenn der Interviewer seine Fragen stellt? Wie antwortest du? Du spürst, dass deine Antworten gut ankommen. Genieße das Erfolgsgefühl, das dich durchströmt ... Diese Übung kannst du nach Belieben anpassen und ausschmücken.**

### Dein Körper wird schwer, gaaanz schwer ...

Neben dem Visualisieren ist Entspannen das Beste, was du tun kannst, um dich körperlich und geistig auf Höchstleistung zu trimmen. Genügend Schlaf in den Nächten unmittelbar vor deinem Interviewtermin ist extrem hilfreich, um Verspannung vorzubeugen und ausgeruht in den Tag X zu starten. Zusätzlich kannst du auch im Wachzustand dafür sorgen, dass du entspannt und ausgeglichen bist. Dazu empfehlen sich Atemübungen oder Progressive Muskelentspannung (PMR). Diese Übungen kannst du zum Beispiel am Abend vor deinem Interview machen (oder auch jederzeit vorher).

## FIT INS GESPRÄCH: ERNÄHRUNGSTIPPS FÜR DIE STUNDEN VOR DEM TERMIN

Übung und mentale Vorbereitung sind das eine, körperliches Wohlbefinden das andere. Auch für deinen Körper kannst du etwas tun, damit er beim Interview optimale Leistung bringen kann. Neben ausreichend Schlaf und Ruhe gehört zum Beispiel auch eine gesunde Ernährung zum Fitsein und Wohlfühlen dazu. Dieser Grundsatz gilt natürlich immer, aber in den Tagen und Stunden vor deinem Jobinterview ganz besonders. Sicher kennst du das Gefühl von Leichtigkeit und Vitalität nach einer schmackhaften, leichten und ausgewogenen Mahlzeit, ebenso wie die schläfrige Schwere nach einem mächtigen Mahl. Wie also pimpst du Gehirn und Körper zur Hochleistung?

### Brainfood

Die wichtigste Grundregel lautet: viel trinken. Die zugeführte Flüssigkeit sorgt dafür, dass Kopf und Körper ausreichend mit Sauerstoff versorgt werden und gut durchblutet sind. Dabei sind Wasser, ungesüßte Säfte oder Tee besser als Softdrinks und Kaffee. Spätestens wenn sich erste Anzeichen für Flüssigkeitsmangel wie Kopfschmerzen, Konzentrationsprobleme und Müdigkeit bemerkbar machen, ist der Griff zum Glas angesagt. Andererseits solltest du deine Flüssigkeitsaufnahme dahingehend steuern, während deines Vorstellungstermins nicht andauernd zur Toilette rennen zu müssen. Wenn du nervös bist, kann es sowieso schon sein, dass du öfters dorthin musst, also genug trinken, aber in Maßen!

Das Gehirn verbraucht mehr als ein Fünftel des täglichen Energiebedarfs. Zu den wichtigsten Energielieferanten zählen Kohlenhydrate. Dabei sind Süßigkeiten oder der rasch eingeworfene Traubenzuckerwürfel, um sich schnell munter zu machen, ein weitverbreiteter Fehler, denn sie geben dem Körper zwar einen Kick, aber die Wirkung hält nur kurze Zeit an. Um längere Zeit konzentriert zu sein, wie es in einem Interview notwendig ist, sorgst du besser für eine gleichmäßig hohe Energieversorgung. Sie wird durch komplexe, langkettige Kohlenhydrate ◆ gesichert, wie sie unter anderem in Vollkornprodukten, Kartoffeln, Gemüse und Obst enthalten sind. Der Körper zerlegt diese Mehrfachzucker nach und nach in einzelne Bausteine, die so über einen längeren Zeitraum kontinuierlich ins Gehirn gelangen und für mehr Konzentration sorgen.

## Gut für die Nerven

Fette sind die Energielieferanten Nummer zwei. Mehrfach ungesättigte Fettsäuren bringen nicht nur Power, sie wirken sich auch günstig auf die Hüllen der Nervenzellen und auf ihr Zusammenspiel aus. Für die Gehirnfunktionen sind vor allem Omega-3-Fettsäuren wichtig, enthalten in Raps- oder Walnussöl, Fisch, Nüssen und Trockenfrüchten.

◆ *Die Unterteilung in lang- und kurzkettige Kohlenhydrate basiert auf der Länge der aneinandergereihten Zuckermoleküle, aus denen die Kohlenhydrate bestehen.*

Eiweiße dagegen sind vor allem für den Informationsfluss wichtig, denn die Aminosäuren, die kleinsten Bausteine der Eiweiße, wirken direkt oder in umgewandelter Form als Botenstoffe. Diese sogenannten Neurotransmitter sorgen dafür, dass die Informationen zügig von einer Zelle zur nächsten fließen. Gute Eiweißquellen sind neben Fisch und Meeresfrüchten mageres Fleisch und magere Milchprodukte, vor allem aber Hülsenfrüchte, Vollkorngetreide und Nüsse.

Vitamine, Mineralstoffe und Spurenelemente sind grundsätzlich wichtige Bestandteile der Nahrung, auch sie sollten nicht vergessen werden.

## Der Ohnmachtshappen vor dem Termin

Das Gehirn ist auf die Versorgung mit Nährstoffen aus dem Blut angewiesen. Durch die Wahl bestimmter Nahrungsmittel und durch den Verzehr zu einem bestimmten Zeitpunkt lässt sich seine Leistung optimieren. Direkt vor dem Interview kannst du deinem Gehirn mit einer Zwischenmahlzeit noch zusätzlich einen Nährstoff-Kick geben, indem du zum Beispiel Joghurt und Obst oder ein Buttermilch-Smoothie mit Blaubeeren zu dir nimmst, denn Eiweiße und Vitalstoffe wirken kurzfristiger als komplexe Kohlenhydrate. Allerdings darf die Zwischenmahlzeit nicht zu groß sein, sonst belastet sie den Magen, und das Blut steht nicht mehr im Gehirn zur Verfügung. Eine ideale Zwischenmahlzeit in Stresssituationen ist eine Banane. Sie enthält viel Magnesium, und das ist ein Nervenstärker. Nebenbei sorgt die Frucht für gute Laune: Sie beinhaltet eine Aminosäure, die vom Gehirn in Serotonin umgewandelt wird - ein Stoff, der glücklich macht. Und weil das sicher zu einem positiven ersten Eindruck beiträgt, kann Glücklichsein beim Interview nicht schaden. (Wenn du eine Banane für unterwegs mitnehmen willst, solltest du sie allerdings in einen Plastik-Ziplock-Beutel einpacken, um deine Bewerbungsunterlagen vor Geruch und Flecken zu schützen!)

**Alles Banane, oder was?**

## Richtig essen macht glücklich

Glücks-Coach Diana Grabowski, Gründerin von www.gluecklichundgesund.com, gibt zusätzlich folgende Tipps in puncto Ernährung:

- Man sollte sich Zeit zum Essen nehmen und in entspannter Atmosphäre essen. Beim schnellen Essen kann auch zu viel Luft mitgeschluckt werden, und das kann zu Blähungen führen - äußerst unangenehm beim Vorstellungstermin.
- Man sollte nicht während des Essens trinken, sondern lieber danach, da der Verdauungsvorgang beeinträchtigt werden kann. Gärung und Blähungen sind wiederum mögliche Folgen.

- Vormittags befindet der Körper sich noch in der Entgiftungsphase, deshalb sind schweren Mahlzeiten am Vormittag zu vermeiden. Lieber greift man zu Obst (unterstützt die Entgiftung und Entschlackung).
- Mittags kann der Körper Salate und Rohkost am besten verdauen. Wenn mittags noch eine warme Speise gegessen wird, sollten Salate und Rohkost immer ***vor*** den gekochten Gerichten verzehrt werden, da sie die Verdauung anregen, indem sie wichtige Enzyme aktivieren.
- Gründliches Kauen ist wichtig, denn je gründlicher man kaut, desto mehr Nährstoffe und Vitamine können aus der Nahrung aufgespalten werden und stehen dem Körper und Gehirn zur Verfügung.

**Beinahe genauso wichtig wie das, was du essen solltest, ist es, die Nahrungsmittel im Blick zu haben, die du besser vermeidest, und zwar am besten innerhalb der letzten 24 Stunden vor dem Interviewtermin.**

**FINGER WEG VON FALSCHEN NAHRUNGSMITTELN!**

| NAHRUNGSMITTEL | GEFAHR |
|---|---|
| Kohl, Bohnen, ballaststoffreiche Rohkost sowie Zuckeraustauschstoffe | können zu vermehrter Gasbildung führen |
| Zu viel Alkohol, Zwiebeln oder Knoblauch | können unangenehme Körperausdünstungen verursachen |

## Die besten Last-Minute-Rezepte

Die meisten Interviewtermine finden morgens statt, sodass das Frühstück vermutlich deine letzte Mahlzeit ist, die du zu Hause einnimmst, bevor du losfährst. Ein ideales Power-Frühstück besteht aus Vollkorn- und Milchprodukten, frischem Obst, Tee oder Wasser und - als kleiner Luxus - frisch gepresstem Orangensaft. Schwere Kost am Morgen ist dagegen weniger geeignet, denn an diesem Tag sollte dein Gehirn aktiver sein als dein Magen. Also Finger weg von Gebratenem wie Spiegeleier und Speck. Ebenso vermeiden solltest du zu viel Kaffee, süße Aufstriche und Weißmehl in Toast oder Brötchen - der enthaltene Zucker ist zwar schnell verfügbar, hält aber auch nicht lange an, und nach dem Sugar-High fällst du womöglich mitten im Interview in ein tiefes (Konzentrations-) Loch.

**Mit dem Power-Frühstück starten**

Damit du dir das richtige Power-Frühstück selber zubereiten oder vom Hotel-Buffet aussuchen kannst, findest du hier zwei leckere Vorschläge:

### POWER-FRÜHSTÜCK FÜR MÜSLI-ESSER

**Zutaten:**

Gemischtes Müsli, egal, ob Vollkorn oder Haferflocken
Milch oder Joghurt
Frische Früchte - ideal sind Banane, Beeren, Apfel, Melone oder Mango
Trockenfrüchte zur Ergänzung oder als Plan B gehen auch
Nüsse oder Mandeln
Honig oder Ahornsirup zum Süßen
Kräuter- oder Früchtetee

**Zubereitung:**

Einfach Müsli in eine Schüssel oder einen tiefen Teller schütten und mit Milch oder Joghurt übergießen, eventuell etwas einweichen lassen. In der Zeit kannst du zum Beispiel das Obst in kleine, mundgerechte Stücke schneiden oder die Beeren waschen und ins Müsli mischen. Zum Schluss noch ein paar Nüsse oder Mandeln (gern auch zerkleinert oder gerieben) drüberstreuen und bei Bedarf mit Honig oder Ahornsirup süßen.

Als Getränk dazu eignet sich ein anregender Kräuter- oder Früchtetee.

### DEFTIGES POWER-FRÜHSTÜCK

**Zutaten:**

Vollkornbrot oder -brötchen
1 weich gekochtes Ei
Quark, Frischkäse oder Avocadocreme
Schinken oder Lachs
Frischer Schnittlauch
Orangensaft oder eine Grapefruit

**Zubereitung:**

Das Vollkornbrot oder -brötchen wahlweise mit Quark oder Frischkäse bestreichen und/oder mit Schinken oder Lachs belegen. Auch Avocadocreme schmeckt fantastisch. Je nach Geschmack mit Schnittlauch bestreuen. Dazu ein weich gekochtes Ei und einen Orangensaft (idealerweise frisch gepresst). Wer mag, kann auch eine Grapefruit essen.

Genauso wichtig, wie die richtigen Nahrungsmittel auszuwählen, ist es übrigens, dir genug Zeit fürs Frühstück zu nehmen. Anstatt alles zwischen Tür und Angel runterzuschlingen, lohnt es sich, 15 Minuten früher aufzustehen, dich dann an einen Tisch zu setzen und in Ruhe zu essen. Genieße den Moment, kaue bewusst und nimm wahr, was du schmeckst. Das ist bereits eine gute Übung zum Fokussieren und um dich mental auf den Tag einzustimmen.

Immer beliebter werden gesunde Smoothies, die aus Obst und Gemüse bestehen und sich damit auch bestens zur vegetarischen oder veganen Ernährung eignen. Da die Zutaten vorher nicht gekocht werden, sind noch alle Vitamine und Nährstoffe vorhanden. Ein fein pürierter Smoothie hat den Vorteil, dass die Zellwände und Fasern von Gemüse, Früchten, Pflanzen und Kräutern durch den Vorgang des Mixens bereits aufgebrochen und zerkleinert wurden, sodass der Körper die Nährsstoffe noch leichter aufnehmen kann. Sobald sie kurz darauf ins Blut gelangen, wird der Botenstoff Serotonin über den Darmtrakt ausgeschüttet, und du fühlst dich nach einem Smoothie-Frühstück zufrieden, energie-

**Grün, grün, grün sind alle meine Smoothies ...**

geladen und glücklich.

Grüne Smoothies sind besonders nahrhaft, und mit dieser Formel lassen sich tolle Getränke zaubern:

**Grünes Blattgemüse + Flüssigkeit + reifes Obst = Power- Smoothie**

Aber Achtung! Heike Hübner von der Grüne-Smoothies-Hotline in Berlin empfiehlt Smoothie-Neulingen, ihren Organismus bereits ein paar Tage vor dem wichtigen Termin auf diese ungewohnte Form der Nährstoffaufnahme vorzubereiten. Wer sich sonst hauptsächlich von Fast Food ernährt, kann seinen Verdauungstrakt überfordern, wenn der es nicht gewohnt ist, Vitalstoffe in dieser hohen Konzentration aufzunehmen. Außerdem solltest du eine halbe Stunde vor und eine Stunde nach dem Verzehr eines grünen Smoothies nichts anderes zu dir nehmen. Den grünen Smoothie löffelst du am besten als Kaltschale, damit sich im Mund schon reichlich Enzyme zur Verdauung bilden können. Hier gibt es zwei leckere Grüne-Smoothie-Rezepte:

### EIN HAUCH AYURVEDA

**Zutaten:**

1 halbe Packung Feldsalat (ca. 60 Gramm)
1 halbe Stange Staudensellerie
1 kleine halbe Mango
1 kleine halbe Birne
1 Banane
1 klitzekleines Stück Ingwer (nicht größer als eine halbe Fingerkuppe)
2-3 Minzblätter oder Thaibasilikum
1 Prise Zimtpulver
200-250 ml Quellwasser

**Zubereitung:**

Nimm einen Hochleistungsmixer zur Hand (ganz wichtig, ein normaler Küchenmixer tut es nicht!) und vermenge die Zutaten, wobei du bei jedem Smoothie zuerst das grüne Blattgemüse mit der Flüssigkeit mixen solltest und dann im zweiten Schritt das Obst hinzufügst. Die Fasern des Blattgrüns werden auf diese Weise besser aufgespalten. Wenn du alle Zutaten gleichzeitig in den Mixer gibst, kommt es auf die Befüllungsreihenfolge an: zuerst das Gemüse, dann Kräuter, zum Schluss das Obst und natürlich die Flüssigkeit.

**DER MUTMACHER**

**Zutaten:**

1 halbe Packung gemischter Salat oder Rucola
1 kleine Mini-Landgurke oder 1 halbe grüne Gurke
1 große Banane
1 Avocado
1 Apfel
1 Scheibe Biozitrone mit Schale
Etwas frischen Rosmarin
Etwas frischen Thymian

**Zubereitung:**

Wieder kommt der Hochleistungsmixer zum Einsatz, um die Zutaten zu vermischen – zuerst Salat, Gurke und Kräuter, dann erst das Obst hinzufügen.

Andere Zutaten, die sich prima für Smoothies eignen, sind:

| GEMÜSE | FLÜSSIGKEIT | OBST |
|---|---|---|
| Grünkohl | Fruchtsäfte | Ananas |
| Löwenzahn | Gemüsesäfte | Beeren |
| Mangold | Kokosnussmilch | Orange |
| Spinat | Kokosnusswasser | Pfirsich |
| Wildkräuter | Mandelmilch | Trauben |

Mischen kannst du die Smoothie-Zutaten in jeder x-beliebigen Kombination, und um dein Getränk zu kühlen, lässt sich auch zum Teil gefrorenes Obst verwenden. Für eine besonders feine Note kannst du jeden Smoothie nach Belieben mit gehackten Nüssen, Mandeln, Kokoschips, Ingwer, Kräutern, Leinsamen, Mandelbutter oder Zimt abschmecken. Hmmmm, lecker!

Weitere tolle Smoothie-Rezepte und jede Menge Infos zum Thema findest du auf: http://www.gruenesmoothies.org/rezepte/

**FAZIT** Mit der richtigen Vorbereitung für dein Interview hast du den Job schon fast in der Tasche. Wie ein Athlet in den Wettkampf geht, gut ausgeruht, körperlich fit und mental gestärkt, den Sieg schon zigmal visualisiert, so gehst auch du in die nächste Runde beim Wettbewerb um deinen Traumjob. Dank Infosammlung übers Unternehmen und deinem persönlichen Stärkenprofil weißt du genau, was du willst. Jetzt erfährst du, wie du es auch bekommst.

# Interview

ist nicht gleich

# Interview

# *WAS AUF DICH ZUKOMMEN KANN*

## EINLEITUNG

WAS GENAU DICH AM TAG X ERWARTET, WEISST DU ERST, WENN ES SO WEIT IST. ALLERDINGS KANN ES NICHT SCHADEN, SICH VORHER EIN PAAR GEDANKEN ÜBER DIE VERSCHIEDENEN FORMEN DES INTERVIEWS ZU MACHEN, DAMIT DU DICH LETZTLICH DER SITUATION ANGEMESSEN VERHALTEN KANNST. ZWAR WERDEN IN DER PRAXIS DIE MEISTEN EINSTELLUNGSGESPRÄCHE NOCH IMMER UNTER VIER AUGEN GEFÜHRT, ABER JE NACH UNTERNEHMEN, FIRMENGRÖSSE UND JOBANFORDERUNGEN GIBT ES AUCH ANDERE VARIANTEN DES INTERVIEWS.

Du kommst arglos zum Vorstellungsgespräch und sitzt plötzlich mehreren Interviewern gleichzeitig gegenüber? Vielleicht macht dich schon allein der Gedanke daran nervös, aber richtig fies wird es, wenn du dich in einem Stressinterview wiederfindest, bei dem du absichtlich unter Druck gesetzt wirst. Keine Panik! Wie du in solchen Situationen am besten reagierst, erfährst du in diesem Kapitel. Glücklicherweise sind Stressinterviews selten, wohingegen Telefoninterviews inzwischen sehr häufig angewendet werden. Auch Videointerviews werden in unserer global vernetzten Welt immer häufiger. Hier kannst du nachlesen, wie du dabei am besten rüberkommst. Fragen zur Etikette beim Jobinterview während eines Geschäftsessens bekommst du ebenso beantwortet wie Fragen zum Vorstellungsgespräch auf Englisch.

# Das Panel interview

Als Panelinterview bezeichnet man Vorstellungsgespräche, bei denen zwei oder mehr Interviewer einen Kandidaten gleichzeitig befragen. Das kann im ersten Moment beängstigend sein, sollte dich aber trotzdem nicht aus der Fassung bringen. Anstatt dich von dem Gefühl übermannen zu lassen, dass du einem Tribunal gegenübersitzt und am Ende dein Kopf rollen könnte, fokussiere dich lieber auf deine Gesprächspartner und wie du jeden von ihnen für dich gewinnen kannst.

Das Panelinterview ◆ bietet sich oftmals aus rein logistischen Gründen an. Anstatt diverse Einzelinterviews zu koordinieren, ist es für das Unternehmen manchmal kosten- und zeitsparender, einfach alle Interviewer zusammenzubringen und dann gemeinsam Interviews zu führen. Während es nach einer Runde von Einzelinterviews oft Tage oder gar Wochen dauert, bis der Recruiter von allen Beteiligten eine Rückmeldung erhalten hat, ist dieser Vorgang am Ende eines Panelinterviews unmittelbar möglich, der Einstellungsprozess kann umgehend weitergehen und wird somit erheblich verkürzt. Diese Beschleunigung des Prozesses ist natürlich auch ein Vorteil für dich, weil du dann viel schneller erfährst, ob du im Auswahlverfahren einen Schritt weiter bist. Außerdem hast du alles schneller hinter dir. Anstatt mehrere Einzelinterviews führen zu müssen, bist du mit einem Rutsch damit durch. Auch das kann ein Vorteil sein.

◆ *Panel von Englisch panel = Gruppe*

Eine Variante des Panelinterviews ist ein Interview mit zwei Interviewern, die untereinander klare Rollen verteilt haben. Beliebt ist die Version »Good Cop – Bad Cop«, bei der ein Interviewer den Guten spielt, während der andere eher schwierige Fragen stellt oder leichten Druck ausübt. Wenn du

**Der Bad Cop will dir nicht wirklich an den Kragen**

dich in so einer Situation wiederfindest, mach dir klar, dass diese Rollen mit Absicht so verteilt sind und der »Bad Cop« dir nicht wirklich etwas Böses will. Seine unsympathische Art gehört zum Interview und dient schlichtweg der Absicht, herauszufinden, wie du wohl unter Stress reagierst (siehe auch Tipps zum Stressinterviews auf Seite 102). Lass dich also nicht aus der Ruhe bringen und sei beiden Interviewern gegenüber gleichermaßen freundlich und aufgeschlossen.

Eine andere Variante ist es, wenn ein Interviewer die Fragen stellt, während der andere schweigend dasitzt und dich beobachtet oder sich Notizen macht. Auch das kann ziemlich irritierend sein. Vielleicht wechseln sich die Interviewer im Lauf des Gesprächs ab, vielleicht aber auch nicht. Egal, du weißt, dass die beiden zusammenarbeiten und am Ende das gleiche Ziel verfolgen, nämlich dich unter die Lupe zu nehmen und herauszufinden, ob du die Lösung für ihr Problem, sprich die Idealbesetzung für ihre Stelle bist. Behandle also beide Interviewer mit dem gleichen Respekt und der gleichen Zuvorkommenheit. Halte Blickkontakt mit beiden und bleibe höflich. Versuche auf keinen Fall, die Notizen des Interviewers zu lesen, egal, ob dir einer oder mehrere Gesprächspartner gegenübersitzen. Der Versuch, »unbemerkt« auf sein Blatt Papier zu schielen, scheitert garantiert, lenkt dich ab, und du wirkst höchst unprofessionell.

## So beindruckst du im Panelinterview

Nehmen wir mal an, der Supergau passiert: Du sitzt gleich vier Interviewern gleichzeitig gegenüber! Wie gehst du jetzt damit um? Mit diesen Tipps bist du bestens vorbereitet:

TIPP 1: FINDE HERAUS, WER DABEI SEIN WIRD. Falls es aus der Einladung zum Vorstellungsgespräch nicht eindeutig hervorgeht, frage deinen Ansprechpartner im Vorfeld, welche Art von Interview du erwarten kannst. Wenn ein Panelinterview angekündigt ist, frage, wer daran teilnehmen wird. Mit den entsprechenden Namen und/oder Stellenbezeichnungen kannst du die Teilnehmer ergoogeln und dich dann entsprechend vorbereiten. Aus welchen Bereichen der Unternehmens setzt sich das Interviewpanel zusammen? Welche wahrscheinlichen Interessen haben die Firmenvertreter und was sind ihre möglichen Erwartungen an dich? Sieh dir die Profile der Interviewer auf XING oder LinkedIn an und versuche, sie dir ganz grob zu merken. Vielleicht bietet sich im Gespräch die Möglichkeit, darauf Bezug zu nehmen und damit zu punkten.

Solltest du im Vorfeld kein Glück damit haben herauszufinden, wer die Interviewteinehmer sind, fragst du zu Beginn des Interviews höflich, ob jeder Interviewer eine Visitenkarte für dich hat. Wenn du die Karten dann während des Interviews vor dir liegen hast, kannst du immer mal darauf schauen und weißt, wen du vor dir sitzen hast.

**Last-Minute-Trick: Nach Visitenkarten fragen**

**TIPP 2: BEREITE DICH AUF JEDEN EINZELNEN INTERVIEWER VOR.** Zwar tritt das Panel dir gegenüber als eine Einheit auf, aber letztlich sind die Interviewer doch alle Individuen, die zufällig das gleiche Ziel haben, nämlich den besten Kandidaten für die offene Stelle zu finden. Überlege dir deshalb im Voraus, welche Fragen jeder einzelne Interviewer wahrscheinlich stellen wird beziehungsweise was für jeden von ihnen von Bedeutung sein könnte. Je nachdem, welche Rolle sie im Unternehmen haben und wie sie zu der freien Stelle stehen, haben sie vermutlich unterschiedliche Interessen und Absichten (siehe dazu auch Kapitel 1: Die Entscheider - Wer sie sind und was sie wollen). Dann überlegst du dir im Vorfeld bereits mögliche Antworten auf potenzielle Fragen, genauso, wie du es für eine Reihe von Einzelinterviews machen würdest.

**TIPP 3: STELLE DICH JEDEM INTERVIEWER EINZELN VOR.** Wenn du den Raum betrittst oder die Interviewer nacheinander ankommen, begrüße jeden einzelnen von ihnen mit Handschlag und stelle dich persönlich mit Namen vor. Dies ist auch der Moment, sie nach einer Visitenkarte zu fragen. Die Karten legst du dann zu Gesprächsbeginn vor dich hin, und zwar in der gleichen Reihenfolge, in der dir die Interviewer gegenübersitzen. So weißt du immer, wer

**Wenn auf der Visitenkarte »Dr. Volker Lehmann« steht, dann ist »Herr Dr. Lehmann« auch die korrekte Anrede.**

wer ist und wem du gerade antwortest. Wenn jemand keine Karte dabeihat, schreibst du seinen Namen auf deinen Notizblock (auch wieder in der entsprechenden Reihenfolge), damit du die Personen während des Interviews mit Namen ansprechen und ihnen später individuelle Follow-up-E-Mails schicken kannst.

**TIPP 4: FOKUSSIERE DICH BEIM ANTWORTEN STETS AUF EINE PERSON.** Um im Gespräch nicht aus dem Konzept zu kommen, stell dir bei jeder Frage und Antwort vor, dass nur ihr beide - du und derjenige, der dir die Frage gestellt hat - im Raum seid. Alle anderen blendest du vorübergehend aus, was nicht heißen soll, dass du sie ignorierst. Aber du konzentrierst dich mit deiner Antwort auf eine Person. Das heißt, während du antwortest, siehst du die Person an, die dir die Frage gestellt hat, aber lässt den Blick spätestens am Ende deiner Aussage auch zu den übrigen Interviewern schweifen. Wenn dann zum Beispiel jemand fragend dreinschaut, kannst du noch etwas hinzufügen oder nachhaken, ob du die Frage hinreichend beantwortet hast.

**TIPP 5: STELLE VERKNÜPFUNGEN HER UND BEHALTE DEN ÜBERBLICK.** Während du dich beim Beantworten einzelner Fragen auf jeweils eine Person konzentrierst, kannst du im Panelinterview wunderbar demonstrieren, dass du aktiv zuhören und Verknüpfungen herstellen kannst, indem du dich in manchen deiner Antworten auf vorherige Fragen beziehst oder bereits erwähnte Beispiele noch einmal aufgreifst und den Faden weiterspinnst. Wenn du dabei die Namen der Interviewer in deine Antworten mit einflechten kannst, macht das einen besonders guten Eindruck, also zum Beispiel: »Vorhin fragte Herr Dr. Lehmann bereits nach meinen Erfahrungen im Umgang mit schwierigen Kunden. Der von mir geschilderte Vorfall führte letztlich dazu, dass ...«

**TIPP 6: BEHANDLE ALLE INTERVIEWER GLEICH.** Zwar könnte man annehmen, dass dir die Stellenbezeichnungen auf den Visitenkarten der einzelnen Interviewer einen Hinweis darauf geben, wer im Panel das Sagen hat, aber dich nur daran zu orientieren birgt ein erhebliches Risiko. Du weißt nicht, wie die informelle Organisationsstruktur aussieht und welcher Interviewer ungeachtet seiner hierarchischen Position im Unternehmen möglicherweise den größten Einfluss hat. Daher biedere dich nicht bei demjenigen mit dem wichtigsten Jobtitel an, während du die anderen vernachlässigst. Möglicherweise ist es genau der stille Notizenschreiber in der Ecke, der Personalentscheidungen maßgeblich beeinflusst. Darum halte Blickkontakt zu allen Personen im Raum und sei stets zu allen freundlich und respektvoll.

**TIPP 7: BLEIB RUHIG UND BESONNEN, EGAL, WAS PASSIERT.** Der Schlüssel zum erfolgreichen Bestehen eines Panelinterviews ist es, zu allen Interviewern im Raum einen Bezug zu entwickeln und bei jedem einen positiven Eindruck zu hinterlassen, egal, wie unterschiedlich die Persönlichkeiten der beteiligten Interviewer auch sein mögen. Sie alle haben ihre eigene Art zu kommunizieren und dich zu beurteilen. Um bei jedem gut anzukommen, braucht es Fingerspitzengefühl und die Fähigkeit, einen echten Dialog aufzubauen. Das gelingt dir am besten, indem du alle Anwesenden ins Gespräch mit einbeziehst, auch wenn vielleicht nicht jeder in gleicher Weise dazu beiträgt. Es bringt dir Aufmerksamkeit und Sympathie ein, wenn du gelegentlich zustimmend nickst, machmal vor dem Antworten einen Augenblick nach unten siehst und in einem humorvollen Moment mitlachst. Im Zweifelsfall gilt immer: freundlich lächeln und ruhig bleiben.

**TIPP 8: MACH DIR KURZE NOTIZEN, ABER HALTE DAS GESPRÄCH IM FLUSS.** Zwar ist es auch in einem Panelinterview sinnvoll, dir Notizen zu machen, aber achte darauf, dass das Gespräch dabei im Fluss bleibt. Während es in einem Einzelinterview okay ist, wenn es einen Moment dauert, bis du deine Notizen beendet hast, führt zu viel Schreiben im Panelinterview zu Unterbrechungen, die den Dialog zäh und stockend werden lassen. Auch fällt es dir mitunter schwerer, die Konzentration zu halten

**Frag zu Beginn des Gesprächs, ob es in Ordnung ist, wenn du dir Notizen machst. Das wird kaum ein Interviewer verneinen.**

und wieder ans Gespräch anzuknüpfen, wenn du dich zu sehr deinen Notizen widmest. Ein Trick ist es, wenn du Kommentare der Interviewer aufschreibst, ihre Initialien oder ein Kürzel hinzuzufügen, dann kannst du später leichter darauf Bezug nehmen und weißt noch, wer was gesagt hat.

**TIPP 9: HAB FÜR JEDEN INTERVIEWER MINDESTENS EINE FRAGE PARAT.** Genauso wie für ein Einzelinterview bereitest du auch für ein Panelinterview Fragen vor, mit denen du die Firma »abklopfen« kannst, denn unabhängig von der Interviewform willst du herausfinden, ob du hier arbeiten möchtest oder nicht. Bei der Vorbereitung für ein Panelinterview hältst du dir die einzelnen Interviewer und ihre Positionen im Unternehmen vor Augen und überlegst, wem du welche Frage am besten stellen kannst, sodass alle Interviewer den Eindruck haben, dass du dich für sie und ihren Bereich in der Organisation interessierst. Die Königsklasse dieser Disziplin ist es, mit einer Frage alle Interviewer gleichermaßen anzusprechen, zum Beispiel: »Vorhin haben wir über die Wachstumziele Ihrer Zukunftsstrategie gesprochen. Mich würde interessieren, wie Sie diese Ziele in Ihrem jeweiligen Bereich verfolgen und welche Risiken Sie sehen, die ein Erreichen der Ziele verhindern oder erschweren könnten.« Dann fragst du einen Interviewer nach dem anderen und machst dir kurze Notizen zu ihren Antworten.

**TIPP 10: SENDE PERSÖNLICHE FOLLOW-UP-E-MAILS AN ALLE INTERVIEWER.** Bei jedem Interview gehört es sich, dich hinterher bei den Beteiligten zu bedanken. Beim Panelinterview ist das nicht anders. Den besten Eindruck machst du mit einer netten persönlichen E-Mail an jeden Interviewer. Tipps für Dankeschön-E-Mails findest du in Kapitel 5: Nach dem Gespräch – Worauf es bei der Nachbereitung ankommt. Du kannst natürlich auch die Gelegenheit nutzen und dein Netzwerk auf XING oder LinkedIn erweitern, indem du ausgewählten Panelinterviewern nach dem Gespräch eine Einladung schickst, sich mit dir zu vernetzen. Das ist dann allerdings der Moment, in dem du nicht alle Interviewer über einen Kamm scheren, sondern dir gut überlegen solltest, ob eine Vernetzung mit dir auch für den Interviewer interessant und sinnvoll ist. Während der Marketingleiter sich über eine Einladung von einem Fachspezialisten wie dir freut, könnte sich der Geschäftsführer fragen, warum so ein junger Spund wie du ihm eine Kontaktanfrage schickt, und das womöglich als »Einschleimen« deuten.

So stressig und furchteinflößend Panelinterviews auch sein mögen, wenn du deine Antworten und die Körpersprache genauso beherrschst wie für ein Einzelinterview, dann bist du gleich viel selbstbewusster im Gespräch, egal, wie viele Leute dir gegenübersitzen. Mit der richtigen Einstellung, ein bisschen Übung und guter Vorbereitung kannst du diese Interviewform meistern und sie sogar zu deinem Vorteil nutzen. Denn wer ein ganzes Panel für sich gewinnen kann, hat den Job so gut wie sicher in der Tasche.

**SIMONE PAULI, STUDENTIN PSYCHOLOGIE UND PROJEKTASSISTENTIN GESUNDHEIT:** »Toll ist ein Jobinterview, wenn man nicht nur ausgefragt wird, sondern ein echter Dialog entsteht. Anstatt dass erst die eine Seite und dann die andere versucht, sich selbst so gut wie möglich anhand auswendig gelernter Phrasen zu präsentieren, ist ein Gespräch, das sich natürlich entwickelt und bei dem man gemeinsam etwas über sein Gegenüber herausfindet, viel weniger gestellt. Wichtig ist auch der gegenseitige Respekt. Als Bewerberin möchte ich ernst genommen und nicht von oben herab behandelt werden. Der Hierarchieunterschied sollte im Jobinterview nicht im Vordergrund stehen.«

# Das Stressinterview

Jedes Interview kann grundsätzlich stressig sein. Aber ein richtiges Stressinterview ist von vornherein darauf ausgelegt, dich unter Druck zu setzen. Das kann mithilfe der anwesenden Interviewer geschehen (siehe Panelinterview), anhand provokativer Fragen, die dir gestellt werden, oder mittels geplanter Gesprächsunterbrechungen, schwieriger Aufgaben und seltsamer Vorfälle, die alle nur eins zum Ziel haben: zu sehen, wie du dich in der jeweiligen Situation verhältst.

Stressinterviews sind nicht unumstritten und werden in der Praxis immer weniger angewandt. Allerdings kann es durchaus angebracht sein, Bewerber während des Einstellungsprozesses künstlich unter Druck zu setzen, wenn zum Beispiel der Stelleninhaber später auch mit brenzligen Situationen umgehen und dabei einen kühlen Kopf behalten muss. Diese Fähigkeit und Stressresistenz bereits während des Auswahlverfahrens zu testen kann dem Unternehmen später Kosten und Mühen ersparen, damit nicht der falsche Kandidat den Job bekommt und dann doch schnell wieder ersetzt werden muss, weil er abspringt oder sich als ungeeignet erweist. Für dich hat das Stressinterview im Prinzip den gleichen Effekt: Auch du kannst erleben, wie sich die Unternehmenskultur anfühlt und ob du dem Druck, dem du hinterher im Job ausgesetzt wärst, gewachsen bist und ob dir die Tätigkeit unter diesen Umständen überhaupt Spaß macht. Wenn du dich zum Beispiel als Rezeptionist, als IT-Troubleshooter oder bei der Feuerwehr bewirbst, gehören Stressresistenz, Krisensicherheit und die Fähigkeit, unter Druck Bestleistung zu erzielen, zu den Grundvoraussetzungen für den Job.

## Angriffe nicht als persönliche Kritik verstehen

Wenn du dich in einem Stressinterview wiederfindest, denke daran, dass nur wenige Menschen Spaß daran haben, mit Absicht gemein zu sein. Auch dem Recruiter, der dir gegenübersitzt, geht es nicht anders. Wenn er dir kritische Fragen stellt, dich mit seinen Aussagen provoziert oder dir scheinbar unlösbare Aufgaben stellt, dann tut er das sehr wahrscheinlich nicht, weil er eine diebische Freude daran hat, dich leiden zu sehen, sondern weil es in diesem Moment zu seiner Aufgabe gehört, deine Eignung für den Job auf Herz und Nieren zu prüfen. Deshalb solltest du seine Fragen oder Aussagen weder als persönliche Kritk noch als Angriff auf deine Person verstehen. Deinen Groll dem Interviewer gegenüber im Zaum zu halten, auch wenn du ihm am liebsten deine Bewerbungsmappe um die Ohren hauen möchtest, weil du seine fiese Art unmöglich findest, ist wichtig, um deine Energieressourcen auf das zu fokussieren, was wichtig ist, nämlich in dieser Situation ganz besonders ruhig, sachlich und konzentriert zu bleiben. Im Gegenteil: Wenn du merkst, dass dein Adrenalinspiegel steigt, dein Puls schneller wird und du nervös wirst, mach dir bewusst, dass genau das jetzt vom Interviewer gewollt ist. Dein Körper reagiert auf den ausgelegten Köder, und es kommt darauf an, nicht in die Stressfalle zu tappen und genau jetzt der Versuchung zu widerstehen, mit Aggression oder Rückzug zu reagieren. Richte stattdessen deine ganze Aufmerksamkeit auf das einzige wichtige Ziel, nämlich den bestmöglichen Eindruck in dieser Situation zu machen, egal, welche Show hier gerade für dich abgezogen wird!

## Erste Hilfe bei Stressinterviews: Power Posing

Während du dich auf alle anderen Interviews gezielt vorbereiten kannst, weil du in der Regel weißt, was dich erwartet, ist das beim Stressinterview meist nicht der Fall, denn kaum jemand wird dir vorher sagen, dass dir ein Stressinterview bevorsteht. Allerdings wirst du es merken, wenn es so weit ist. Aber statt in Schockstarre zu verfallen oder hektisch zu werden, versuche, dieser besonderen Herausforderung mit Neugier und sportlichem Ehrgeiz zu begegnen. Unter »Cool bleiben« im Kapitel 2 findest du bereits ein paar Hinweise, wie du dich *vor* dem Interview entspannen und deinen Körper auf diesen Hochleistungsmoment vorbereiten kannst. Allerdings gibt es auch noch eine Methode für den absoluten Notfall, die du entweder unmittelbar vor einem Interview anwenden kannst, wenn du supernervös bist, oder zwischen zwei Interviews, wenn du das Gefühl hast, von einem Stressinterview ins nächste zu gehen. Im allerschlimmsten Härtefall kannst du diese Methode sogar beim Gang auf die Toilette während eines Interviews anwenden. Die Rede ist vom Power Posing.

Die amerikanische Sozialpsychologin Amy J. C. Cuddy erklärt in ihrem beeindruckenden TED Talk◆, wie unsere Körpersprache nicht nur anderen vermittelt, wie wir uns fühlen, sondern auch unserem eigenen Gehirn signalisiert, wie es uns geht. Die meisten Menschen wissen, dass ihr Bewusstsein ihren Körper beeinflusst, aber hast du gewusst, dass das auch andersrum geht? Mittels Power Posing können wir nämlich die Testosteron- und Kortisolspiegel in unserem Gehirn dahingehend manipulieren, uns bereits nach wenigen Minuten selbstbewusster und stärker zu fühlen, als wir tatsächlich sind. Wenn wir uns besser fühlen, so die Schlussfolgerung von Amy J. C. Cuddy, haben wir auch bessere Aussichten auf Erfolg, weil wir positive Stärke ausstrahlen und diese auch verinnerlichen.

◆ *TED Talks sind kurze Online-Konferenzen oder Online-Vorträge; siehe www.ted.com.*

Um dich in letzter Minute gegen aufsteigende Nervosität zu wappnen und deine Gehirnchemie auf Selbstbewusstsein zu trimmen, muss dir deine eigene Körperhaltung Macht und Dominanz vermitteln. Das geschieht, wenn sich dein Körper groß macht, sich streckt, so viel Raum wie möglich einnimmt und sich öffnet. Denke nur einmal daran, was Tiere machen, um ihre Macht und Stärke zu demonstrieren: die Katze, die einen Buckel macht und die Haare sträubt, der Gorilla, der sich auf die Hinterbeine stellt und sich auf die Brust trommelt, oder die Kobra, die ihr Nackenschild spreizt, um bedrohlicher zu wirken. Genau so geht Power Posing beim Menschen, indem du dich groß machst und öffnest. Stell dich dafür breitbeinig hin, aber noch so, dass du festen Halt unter den Füßen hast und den Boden spürst. Dann streckst du deine Arme V-förmig nach oben, die Handflächen geöffnet. Nun recke das Kinn noch etwas nach oben, und du hast

**Werde zum Gorilla**

eine optimale Powerpose eingenommen. Diese hältst du nun für zwei Minuten. Bereits nach dieser kurzen Zeit hat sich deine Gehirnchemie verändert; das »Dominanz-Hormon« Testosteron hat zugenommen, während das »Stress-Hormon« Kortisol abgenommen hat. Diese hormonellen Veränderungen führen dazu, dass du dich bestimmter, selbstbewusster und wohler fühlst als vorher. Wenn du das vor oder während eines Stressinterviews machen kannst, im Fahrstuhl, auf der Toilette, im Wartezimmer, kannst du deine Erfolgsaussichten nachhaltig steigern.

Das absolut sehenswerte englische TED Talk Video von Amy J. C. Cuddy gibt es mit deutschen Untertiteln auf: www.ted.com/talks/amy_cuddy_your_body_language_shapes_who_you_are. Von Minute 13:15 bis 15:40 geht es speziell um Jobinterviews.

## So machst du Eindruck im Stressinterview

Die Psychologin Ivana Balzano war selbst jahrelang als Recruiterin tätig und arbeitet derzeit in der Integrierten Psychiatrie Winterthur. Sie gibt gestressten Kandidaten folgende Tipps:

- Nimm es nicht persönlich! Ein Stressinterview ist ein Test, und die Interviewer spielen eine Rolle. Wenn dir das klar ist, wirst du während des Interviews entspannter sein.
- Bleib sachlich und lass dich nicht aus der Ruhe bringen. Nimm dir Zeit, und überleg dir die Antwort gut. Kurze Sprechpausen sind kein Problem.
- Sei dir bewusst, wie du unter Stress auf andere wirkst, und versuche, eine aggressive Körpersprache zu vermeiden. Das kannst du testen, wenn du dich bei einem fiktiven Stressinterview filmen lässt. Manchmal ist uns nicht bewusst, dass wir unter Stress zum Beispiel mit dem Kugelschreiber spielen, unruhig auf dem Stuhl hin und her rutschen oder uns

verkrampft am Tisch festhalten. Sei dir deiner Körpersprache bewusst und verändere sie, damit du dich im Interview sicherer fühlst.

- Mach dich vor dem Interview locker! Regelmäßige Entspannungsübungen wie Meditation oder die Progressive Muskelentspannung bereiten dich optimal auf Stresssituationen vor.
- Bewusst ausatmen! Wenn man angespannt ist, hält man meist unbewusst die Luft an. Daher atme vor einem schwierigen Gespräch ein paarmal tief aus. Auch im Interview selbst kann bewusstes Ausatmen helfen, deinen Stresspegel unter Kontrolle zu halten.
- Positive Selbstverbalisation ist wichtig. Rede dir selbst gut zu. Was würde deine beste Freundin sagen, um dich zu unterstützen? Hilfreiche Gedanken lösen positive Gefühle aus und könnten sein: »Du kannst das« oder »Du hast schon viel schwierigere Dinge geschafft!«
- Stärke deinen Selbstwert! Wenn du dich während des Interviews gut fühlen möchtest, denke an deine Erfolge und an Dinge, die du gut kannst. Erinnere dich bewusst an schwierige Situationen, die du in der Vergangenheit gut gemeistert hast. Auf welche beruflichen Meilensteine bist du besonders stolz? Stell dir diesen Moment in Gedanken nochmals vor. Wie hast du dich damals gefühlt? Wie war die Situation? Was hast du gemacht? So stärkst du dein Selbstwertgefühl. Wenn du dir diese Dinge im Vorfeld gut überlegt hast, kannst du die positiven Effekte auch während eines Stressinterviews unmittelbar abrufen.
- Verlier dein Ziel nicht aus den Augen. Sei dir stets bewusst, was du im Interview vermitteln willst. Unternehmen möchten einen Kandidaten mit Leidenschaft, Ambitionen und einer Menge Energie für den zu besetzenden Job. Bringe diese Punkte während des Interviews immer wieder ein, und du vermittelst damit, dass du selbst in Drucksituationen dein Ziel nicht aus den Augen verlierst.

# Das Telefoninterview

Dem Telefoninterview begegnest du besonders im Vorauswahlprozess, bevor du zu einem persönlichen Gespräch eingeladen wirst. Ein Telefoninterview dauert normalerweise zwischen 30 und 45 Minuten, sollte aber genauso ernst genommen werden wie ein »richtiges« Interview, da es oft den entscheidenden Ausschlag gibt, ob du zu einem persönlichen Gespräch eingeladen wirst oder nicht. Hier erfährst du, wie du es in die nächste Bewerbungsrunde schaffst.

Telefoninterviews sind für Arbeitgeber eine relativ kostengünstige Option, möglichst viele Bewerber genauer unter die Lupe zu nehmen. Meistens ist das Telefoninterview ein Zwischenschritt im Auswahlprozess zwischen Lebenslaufselektion und persönlichem Gespräch und wird somit vom zuständigen Recruiter durchgeführt, der die jeweilige Vakanz betreut. Allerdings können auch später im Verfahren Telefoninterviews geführt werden, zum Beispiel wenn ein Entscheidungsträger im Ausland ansässig ist oder aufgrund von Terminfindungsschwierigkeiten ein persönliches Gespräch nicht schnell genug organisiert werden kann. Auch von Headhuntern oder Jobagenturen werden Telefoninterviews gerne angewandt, um potenzielle Kandidaten zu überprüfen, bevor sie dem Kunden zur Vermittlung vorgestellt werden.

In erster Linie prüft ein Recruiter im Telefoninterview die Stimmigkeit deines Lebenslaufs oder klärt noch ein paar offene Fragen zu deiner Bewerbung ab. Das geschieht meist mit dem Ziel, deine Unterlagen hinterher an den Hiring Manager weiterzuleiten und ihm dann lückenlos Bericht erstatten zu können. Somit ist das, was du im Telefoninterview sagst (oder auch nicht sagst), mitunter ausschlaggebend, ob du weiterhin im Rennen bist, und sollte deshalb nicht auf die leichte Schulter genommen werden!

## DIE OPTIMALE VORBEREITUNG AUFS TELEFONINTERVIEW

Das Telefoninterview hat im Gegensatz zu den meisten anderen Interviews den großen Vorteil, dass dich dein Interviewpartner nicht sehen kann. Das heißt, du kannst das Interview im Pyjama auf der Küchenbank führen, wenn du dich so am wohlsten fühlst und das dann auch auf deine Antworten im Interview abfärbt. Allerdings verleitet gerade dieser Umstand manchmal dazu, ein Telefoninterview weniger ernst zu nehmen. Ein fataler Fehler! Dabei ist die Vorbereitung auf diese Form des Interviews genauso wichtig wie auf jedes andere Vorstellungsgespräch. Neben der klassischen Interviewvorbereitung (Informationssammlung, Recherche zu deinem Gesprächspartner, Fragen und Antworten vorbereiten) gilt für ein Telefoninterview zusätzlich Folgendes:

### Telefoninterview-Checkliste

- ✓ Du hast für den vereinbarten Termin eine stabile Telefonverbindung sichergestellt. Für diese Zwecke ist das Festnetz noch immer die zuverlässigste Variante, ganz besonders bei internationalen Anrufen.
- ✓ Du hast dafür gesorgt, für die Dauer des Gesprächs absolut ungestört zu sein, und jegliche Ablenkung eliminiert. (Mit anderen Worten, dein Smartphone ist außer Reichweite!)
- ✓ Du hast sämtliche Hintergrundgeräusche ausgeschaltet, also sind keine Musik, Haustiere, Kinder, Küchengeräte etc. in der Nähe, die Lärm machen.
- ✓ Gegebenenfalls hast du deine Mitbewohner informiert, dass du gleich ein Telefoninterview

hast und jetzt nicht der ideale Zeitpunkt ist staubzusaugen, mit dem Schlagbohrer Löcher in die Wand zu bohren oder E-Gitarre zu spielen.

- ✓ Du hast deine Bewerbung samt Lebenslauf vorliegen, genau so, wie du sie abgeschickt hast, denn wahrscheinlich wird dich der Recruiter genau zu diesen Unterlagen befragen.
- ✓ Du hast dir ein Glas Wasser oder eine Tasse Tee bereitgestellt, einen Notizblock und einen (funktionierenden) Stift parat. Während des Gesprächs Notizen in einen Compter zu tippen ist eher unpassend, da das Geräusch einer Tastatur die Person am anderen Ende der Leitung glauben lassen könnte, dass du parallel auf Facebook unterwegs bist.
- ✓ Du hast vor dem Gespräch alle körperlichen Bedürfnisse befriedigt.

## SO MACHST DU EINDRUCK IM TELEFONINTERVIEW

**Du bist bestens vorbereitet, das Telefon klingelt, nun kann es losgehen? Mit diesen Tipps kommst du topp durchs Telefoninterview:**

- Nimm dieses Gespräch genauso ernst wie ein »richtiges« Interview, höre aufmerksam zu und beantworte die Fragen, ohne zu schwafeln oder abzudriften.
- Während eines Telefoninterviews präsent zu bleiben erfordert mehr Konzentration als im persönlichen Gespräch. Tu dir selber den Gefallen, dich zwischendurch nicht ablenken zu lassen.
- Falls möglich, telefoniere im Stehen oder gehe sogar ein paar Schritte auf und ab beim Sprechen.

Dadurch wirkst du dynamischer, und deine Stimme klingt lebhafter.

- Versuche nicht, gleichzeitig zu multitasken. Das ist deinem Gesprächspartner gegenüber nicht respektvoll, und auch wenn er sich nichts anmerken lässt, spürt er, wenn du nicht ganz bei der Sache bist.
- Wenn möglich, benutze ein Headset, damit du deine Hände frei bewegen kannst. Zu gestikulieren belebt deine Stimme, was es für deinen Gesprächspartner spannender und angenehmer macht, dir zuzuhören.
- In einem Telefoninterview ist es besonders wichtig, während des Sprechens öfter mal eine Pause zu machen, um sicherzugehen, dass dir dein Gesprächspartner auch noch folgen und Zwischenfragen stellen kann. Statt zu plappern wie ein Wasserfall, überlege lieber kurz, bevor du antwortest, und mach es dann kurz und präzise.
- Wenn du dir während des Gesprächs Notizen machst, weise deinen Gesprächspartner gegebenenfalls darauf hin, damit er weiß, warum deine Anworten mitunter zeitverzögert kommen.
- Lächle, während du am Telefon sprichst. Auch wenn dich dein Gesprächspartner nicht sehen kann, hat dein Lächeln eine positive Auswirkung auf deine Stimme, und du klingst freundlicher.
- Als absolutes No-Go solltest du während des Interviews auf Essen oder Kaugummikauen verzichten. Kaugeräusche, auch wenn für dich kaum hörbar, werden per Telefon deutlich übertragen und klingen äußerst unangenehm am anderen Ende der Leitung.
- Wenn im Telefonat vereinbart wird, dass du noch etwas nachreichst – Referenzen, Zeugnisse, fehlende Unterlagen –, dann tu das so bald wie möglich und nicht erst Tage später. Es könnte dir sonst als mangelnde Motivation ausgelegt werden.

**ISABELLE PFISTER, PSYCHOLOGIN WWW.EASYGENERATION.NET:** »Positiv in Erinnerung geblieben sind mir Jobinterviews, die sich durch Offenheit, Transparenz und Professionalität auszeichnen. In einem Telefoninterview wurde ich zum Beispiel sehr wertschätzend behandelt – es ging der Interviewerin mehr darum herauszufinden, was ich kann, und nicht darum abzufragen, was ich nicht kann. Wenn mir ein mehrschrittiger Auswahlprozess erklärt wird, wenn klar kommuniziert wird, was wann passiert, wie es weitergeht und um was es geht, dann fühle ich mich von vornherein fair behandelt. Auch wenn mein Gesprächspartner gut vorbereitet ist, sich zum Beispiel an einem Interviewleitfaden orientiert, dann gibt mir das ein gutes Gefühl, und ich kann mir vorstellen, mich für dieses Unternehmen zu engagieren.«

# Das Videointerview

Die audiovisuelle Online-Kommunikation nimmt zu, auch Videointerviews kommen aufgrund der globalen Vernetzung immer häufiger vor. Grundsätzlich gibt es zwei Varianten von Videointerviews: eine in Echtzeit geführte Live-Konversation und ein zeitversetztes Gespräch.

Bei einer Live-Konversation wirst du dem Interviewer online per Webcam zugeschaltet, sodass ihr euch beide gleichzeitig sehen und hören könnt. Im Prinzip führt ihr das Gespräch genau so, als ob ihr euch gegenübersitzt. Gängige Plattformen wie Skype oder Google Hangout ermöglichen diese Form des Interviews, aber auch andere spezialisierte Anbieter offerieren Software für genau diesen Zweck.

Bei einem zeitversetzten Gespräch nimmt der Interviewer seine Fragen im Vorfeld auf und entscheidet, wie viel Zeit du zum Nachdenken und Beantworten hast. Du erhältst eine E-Mail-Einladung und kannst deine Antworten dann ebenfalls mit einer Webcam aufnehmen. Dabei bist du noch unabhängiger von Ort und Zeit, denn du hast keinen festen Termin mit deinem Gesprächspartner.

Weil das Thema für deinen Videointerview-Eindruck so entscheidend ist, an dieser Stelle noch ein paar Tipps zu den technischen Voraussetzungen: Zwar werben die meisten audiovisuellen Interviewplattformen damit, dass du »nur« eine Internetverbindung und eine Webcam brauchst, aber das ist nur die halbe Wahrheit. Die Internetverbindung muss stabil und zuverlässig sein. Gerade beim Live-Interview ist es immens frustrierend,

**Technik? Alles easy!**

wenn ständig die Verbindung abbricht oder du deinen Gesprächspartner kaum noch verstehen kannst. Neben der Webcam sind natürlich auch ein Mikrofon und Lautsprecher am Computer erforderlich. Zwar sind die meisten Geräte heutzutage damit ausgestattet, aber das bedeutet nicht zwangsläufig, dass die Tonqualität rauschfrei und anständig ist. Am ehesten empfiehlt sich ein Headset, weil damit auch unangenehme Nebenwirkungen wie Störgeräusche aus dem Hintergrund, Lautstärkeprobleme oder Echos verringert werden können. Denn nichts ist peinlicher beim Videointerview, als wenn du dicht vor der Kamera hängst, weil du quasi in den Computer reinkriechen musst, um deinen Gesprächspartner zu verstehen.

## WARUM MACHEN FIRMEN DAS?

Je nachdem, welchen Anbieter man hat beziehungsweise welche Software verwendet wird, sind Videointerviews für Firmen mitunter etwas aufwendiger zu organisieren als Telefoninterviews. Sie bieten aber sonst ähnliche Vorteile mit dem zusätzlichen Bonus einer visuellen Plattform. Zum einen sind sie kostengünstiger, als Bewerber zu persönlichen Gesprächen einzuladen, zum anderen ist es für manche Firmenvertreter einfacher, einen Videotermin wahrzunehmen, weil sie vielleicht viel unterwegs oder im Ausland tätig sind. Auch für Interviews mit Menschen in verschiedenen Zeitzonen ist das Videointerview eine praktische Alternative, besondern in der zeitversetzten Variante. Geichzeitig ist es eine gute Möglichkeit, sich einen mehrdimensionalen Eindruck vom Kandidaten zu verschaffen.

Auch für dich als Kandidat kann es von Vorteil sein, dein Gegenüber wenigstens auf dem Bildschirm zu sehen. Auch du bekommst einen Eindruck von der Person, von ihrer Art zu kommunizieren, und kannst gegenseitige Sympathien besser ausloten. Allerdings geht damit natürlich auch einher, dass du bei einem Videointerview vermehrt auf dich und deine Wirkung achten solltest. Dazu gehören neben der Wahl eines bildschirmtauglichen Outfits vor allem auch vernünftige Voraussetzungen in Bezug auf Licht, Ton und Technik, die das Videointerview überhaupt erst reibungslos vonstattengehen lassen.

# DIE OPTIMALE VORBEREITUNG AUFS VIDEOINTERVIEW

Das Videointerview wird oftmals als »vereinfachte« Interviewvariante verkauft. Allerdings gilt das eigentlich nur für den Arbeitgeber, denn für dich bedeutet ein Videointerview manchmal mehr Aufwand, als dich hübsch anzuziehen und irgendwo zu einem persönlichen Gespräch zu erscheinen. Jetzt musst du dich zusätzlich auch noch um die Technik kümmern, dir Gedanken über Licht- und Tonqualität machen und einen passenden Hintergrund finden. Es gilt also die bereits mehrfach erwähnte klassische Interviewvorbereitung (Informationssammlung, Recherche zu deinem Gesprächspartner, Fragen und Antworten vorbereiten) plus diverse spezielle Überlegungen in puncto Videointerview:

### Videointerview-Checkliste

- ✓ Du hast für den vereinbarten Termin eine stabile Internetverbindung sichergestellt. Deine Webcam funktioniert einwandfrei, genauso wie dein Headset. (Du hast es gerade noch einmal getestet!)
- ✓ Du hast dafür gesorgt, für die Dauer des Gesprächs absolut ungestört zu sein, und jede potenzielle Unterbrechung von vornherein ausgeschlossen.
- ✓ Gegebenenfalls hast du deine Mitbewohner informiert, dass du gleich ein Videointerview hast und jetzt nicht der ideale Zeitpunkt ist, ins Zimmer zu platzen.
- ✓ Du hast dich und deine Webcam so positioniert, dass der Bildausschnitt einen unverfänglichen, möglichst einfarbigen Hintergrund zeigt. Star-Wars-Poster sind genauso ungeeignet wie ein unaufgeräumtes Zimmer, eine WG-Küche oder eine wild gemusterte Tapete.

- ✓ Du hast eine warme Lichtquelle so eingestellt, dass dein Gesicht gut ausgeleuchtet ist, ohne dass du geblendet wirst. Wenn du zum Beispiel vor einem sehr hellen Hintergrund oder vor einem sonnigen Fenster sitzt, wird dein Gesicht auf dem Bildschirm deines Gesprächspartners dunkel und kaum zu erkennen sein.
- ✓ Du hast deine Oberbekleidung mit Bedacht ausgewählt: einfarbige, matte Nuancen sind besser als stark gemusterte oder grell farbige Teile; Schnitt und Stil sollten deinen Typ unterstreichen und nicht von dir ablenken; tiefe Ausschnitte sind tabu.
- ✓ Du hast keine klappernden Armreifen oder ähnlich »geräuschvollen« Schmuck angelegt, denn der lenkt ab, auch wenn er hübsch aussieht.
- ✓ Du hast deine Bewerbung samt Lebenslauf vorliegen, genau so, wie du sie abgeschickt hast, falls dich der Interviewer zu diesen Unterlagen etwas fragt.
- ✓ Du hast dir ein Glas Wasser oder eine Tasse Tee bereitgestellt, einen Notizblock und einen (funktionierenden) Stift parat. Sich *kurze* Notizen im Videointerview zu machen ist absolut okay.
- ✓ Du warst vor dem Interview noch mal auf Toilette und hast einen letzten Blick in den Spiegel geworfen. Die Frisur sitzt, das Oberteil auch, und du hast keine Speisereste zwischen den Zähnen. Make-up sollte dezent und vor allem gekonnt aufgetragen sein, weil dein Gesicht ziemlich nah an der Kamera ist und auf dem Bildschirm deines Gesprächspartners groß zu sehen sein wird.

## SO MACHST DU EINDRUCK IM VIDEOINTERVIEW

**Es ist so weit, das Videointerview beginnt? Dann heißt es jetzt bequem, aber aufrecht hinsetzen, lächeln und so tun, als wäre der Bildschirm vor dir eine Person aus Fleisch und Blut. Behandle sie mit dem nötigen Respekt und sei dir bewusst, die ganze Zeit unter Beobachtung zu stehen. Folgende Tipps helfen dir dabei:**

- Nimm das Videogespräch genauso ernst wie ein »richtiges« Interview; dein Gesprächspartner sieht und hört dich genau so, als säße er dir gegenüber.
- Sitz aufrecht und sprich laut und deutlich. Dadurch wirkst du selbstbewusster, deine Stimme klingt kraftvoller, und dein Gesprächspartner kann dich besser verstehen.
- Körpersprache ist auch beim Videointerview ein wichtiger Kommunikationsträger, verhalte dich also genau so, wie du es auch in einem persönlichen Gespräch tun würdest.
- Du musst beim Sprechen nicht auf die Webcam starren, aber halte deinen Blick weitgehend auf den Bildschirm gerichtet, damit du deinen Gesprächspartner »ansiehst«.
- Lächle freundlich, nicke gelegentlich und sende nonverbale Signale, die ausdrücken, dass deine gesamte Aufmerksamkeit deinem Gegenüber gilt. Mit den Fingern auf Tischplatte oder Tastatur zu trommeln, während des Interviews dein Smartphone zu checken oder minutenlang aus dem Fenster zu starren signalisiert eher Langeweile und Desinteresse und kommt dementsprechend schlecht an.

# Das Job interview beim Geschäfts essen

Was tun, wenn das Gespräch nicht wie sonst üblich im Büro, sondern in einem Restaurant stattfindet? In diesem Fall gelten ganz besondere Spielregeln, in die dich dieses Kapitel einweiht. Gewusst wie, kannst du auch in einer solchen Situation deine Stärken ausspielen und dich auf den Inhalt des Bewerbungsgesprächs konzentrieren.

Manchmal finden solche Interviews aus Gründen der reinen Logistik statt: Der Interviewer hat einfach keinen anderen freien Termin, um dich zu empfangen, und muss seine eigene Mittagspause opfern, damit das Gespräch stattfinden kann. Einige Firmenvertreter sind nicht gerade begeistert, wenn dieser Umstand eintritt, und sind dementsprechend missmutig, wenn du ihr ungebetener Gast zur Mittagspause bist. Profis lassen sich ihren Unmut normalerweise nicht anmerken, schließlich kannst du ja nichts dafür, aber solltest du doch einmal das Gefühl haben, dass du irgendwie ungelegen kommst, wenn ein Jobinterview beim Mittagessen stattfindet, sei verständnisvoll und bedanke dich explizit dafür, dass dein Gesprächspartner sich beim Essen für dich Zeit genommen hat.

Manchmal finden Vorstellungsgespräche aber auch aus anderen Gründen beim Geschäftsessen statt, mitunter sogar abends nach Feierabend. Je nachdem, für welchen Job du dich bewirbst, werden Interviews nämlich auch gerne in einem Umfeld durchgeführt, wo du später deinen Kunden, Klienten und Auftraggebern begegnest. Inklusive gemeinsamem Essen. Dieses dient dann nur vordergründig der Nahrungsaufnahme, denn beim Essen wird (nahezu weltweit) nicht ständig über die Arbeit geprochen. Hier werden Vertrauensbande und Netzwerke geknüpft, um die Basis für eine mögliche Zusammenarbeit zu festigen. Der Arbeitgeber möchte sichergehen, dass du dich in diesem Umfeld angemessen verhältst und dich auf gesellschaftlichem Parkett zu benehmen weißt.

## DIE OPTIMALE VORBEREITUNG AUFS INTERVIEW BEIM GESCHÄFTSESSEN

Dich gezielt auf ein Jobinterview beim Geschäftsessen vorzubereiten ist kaum möglich, dennoch kannst du mit deinem Verhalten und bei der Auswahl deiner Kleidung sowie bei der Wahl der Speisen und Getränke während des Essens einigen Problemen aus dem Weg gehen, wenn du folgende Tipps berücksichtigst:

- Für die Damen: Trompetenärmel an Blusen sind modisch - hängen aber auch gerne mal in der Suppe (genauso wie zu lange Halsketten).
- Für die Herren: Beim Hinsetzen Jacket aufknöpfen, ausziehen nur, wenn der Gastgeber das auch tut (und Achtung: der Suppenteller kann auch für Krawatten gefährlich werden).
- Vor der Bestellung fragst du deinen Gastgeber nach einer Empfehlung, denn damit erhältst du zwei wichtige Hinweise: einerseits darüber, ob Vor- oder Nachspeise vorgesehen sind, und andererseits auch zur angemessenen Preiskategorie.
- Das Gericht deiner Wahl sollte sich im Bereich von +/- 10 Prozent Preisunterschied dessen bewegen, was dir empfohlen wurde.
- Bei deiner Speisenauswahl bist du eigentlich relativ frei, solltest aber das Kleckerrisiko und den Schwierigkeitsgrad der Nahrungsaufnahme in Bezug auf den richtigen Umgang mit dem Besteck berücksichtigen und notfalls lieber auf Nummer sicher

gehen; der Klassiker Spaghetti mit Tomatensoße eignet sich also denkbar schlecht zum Jobinterview.

- Wenn dann doch mal was danebengeht und du gekleckert hast, entschuldigst du dich diskret, verlässt den Tisch und versuchst, dich außer Sichtweite zu säubern; auf keinen Fall noch am Tisch mit der Serviette wild auf etwaigen Flecken herumreiben! Missgeschicke sind Begleiter des Alltags, Klasse zeigt sich im Umgang mit ihnen.
- Solltest du aufstehen, wenn sich mehrere Personen am Tisch befinden, nickst du deinen *beiden* Tischnachbarn kurz zu, während du dich unauffällig enschuldigst und aufstehst.
- Wenn dir Alkohol angeboten wird, ist es okay, ein Glas zu trinken; wenn du keinen Alkohol trinkst, darfst du einen angebotenen Wein höflich dankend ablehnen und solltest als Alternative Wasser oder Saft wählen.
- Bier oder Cola aus eigenem Impuls zu bestellen kann je nach kulturellem Hintergrund als »unkultiviert« angesehen werden; wenn es dir vom Gastgeber angeboten wird, darfst du natürlich gerne annehmen.
- Die Benutzung deines Smartphones ist am Tisch ebenso unangemessen wie die eines Zahnstochers. In beiden Fällen gilt: Lässt sich die Benutzung nicht verhindern, dann nur außer Sichtweite deiner Gesprächspartner.

**Profi-Tipp: Zahnseide für alle Fälle**

Zwischendurch lieber einmal mehr das Bad aufsuchen und checken, ob dir keine Speisereste zwischen den Zähnen hängen; wenn du dann ein bisschen Zahnseide dabeihast, gehst du entspannter und freudig lächelnd wieder zurück an den Tisch.

Ein abschließendes Wort noch zum Thema Geschäftsessen im Ausland beziehungsweise mit ausländischen Gästen. Mitunter kommt es vor, dass zu diesem Anlass traditionelle Speisen und/oder Getränke, oft auch alkoholischer Art, angeboten werden, und der Eindruck entsteht, es könnte dir als unhöflich ausgelegt werden, wenn du ablehnst. Grundsätzlich ist es natürlich wünschenswert, dass du die Gastfreundschaft deines Gegenübers zu schätzen weißt, offen und aufgeschlossen bist und vielleicht zumindest probierst, was dir angeboten wird. Allerdings ist es ebenso ratsam, Gerichte und Getränke abzulehnen, wenn du sie überhaupt nicht magst oder wenn anzunehmen ist, dass sie dir nicht bekommen (zum Beispiel scharf gewürztes Essen, Seafood, Digestif). Mit einem höflichen Hinweis auf eine (fiktive) Allergie kannst du das meiste unverfänglich ablehnen, ohne dass es negativ ankommt.

## SO MACHST DU EINDRUCK IM INTERVIEW BEIM GESCHÄFTESSEN

Es gibt ein paar einfache Grundregeln, die dir helfen, die dicksten Fettnäpfchen zu vermeiden. Anne Kräuchi, Expertin für Themen rund um Kommunikation, Knigge und Karriere, stellt die zehn größten Fehler vor, die du machen kannst, um beim Geschäftsessen durchzufallen.

**ANNE KRÄUCHI, INHABERIN VON IMAGECOACHING** »Die Einhaltung der Regeln der Business-Etikette schafft Vertrauen, Sympathie, ein positives Image und zeigt, dass man persönlich souverän und sicher im Umgang mit anderen ist. Es ist wichtig für den geschäftlichen Erfolg, ergänzt (nicht: ersetzt) die fachliche Kompetenz. Souveräne Umgangsformen verhelfen zu einem positiven Image und einer guten Atmosphäre.«

# 10 No-Gos beim Geschäftsessen

**1** Dir wird zur Begrüßung ein Handschlag angeboten, und du erwiderst ihn nicht in passender Stärke und Intensität. **2** Du setzt dich einfach auf einen Platz, statt auf einen Hinweis oder die Information zur Sitzordnung zu warten. **3** Deine Körperhaltung auf dem Stuhl ist zu entspannt – zwischen dich und die Tischkante passt ungefähr eine Katze, zur Stuhllehne hin nur eine Maus. **4** Du schonst die Serviette (sie gehört zum Essensbeginn auf deinen Schoß), statt diese ab und zu zum Abtupfen von echten oder virtuellen Getränke- und Speiseresten zu nutzen. **5** Du legst die Serviette nach dem Essen in statt neben den Teller. **6** Du schmierst dir mit dem Brötchen eine Stulle, statt einzelne mundgerechte Häppchen abzubrechen. **7** Du bringst dich und deinen Oberkörper zum Essen, statt das Essen mit passendem Besteck aufrecht sitzend zum Mund zu führen. **8** Du versäumst es, mit allen SitznachbarInnen Small Talk zu führen, und/oder beharrst bei den Gesprächsthemen auf deinen Interessen. Geeignet sind dagegen Wetter, Hobbys, Freizeit, Beruf, Reisen, Aktuelles. **9** Du hast dein Smartphone dabei und legst es als weiteren, uneingeladenen Gast auf den Tisch und schmälerst somit deine eigene Präsenz. Besser noch, du nimmst während des Essens am Tisch Anrufe entgegen. **10** Du vergisst, »Bitte« und »Danke« zu sagen.

# Das Job interview auf Englisch

Je nachdem, bei welcher Firma und für welchen Job du dich bewirbst, kann es sein, dass das Interview in einer Fremdsprache geführt wird. Am gängigsten ist dabei das englische Bewerbungsgespräch, denn in vielen globalen Unternehmen ist Englisch die Geschäftssprache. Dieses Kapitel gibt dir praktische Informationen zu dieser Form des Interviews – damit du zeigen kannst, wie fit du für die internationale Karriere bist!

Englische Jobinterviews werden meist dann geführt, wenn nicht alle Beteiligten Deutsch sprechen oder wenn gute Englischkenntnisse zu den Grundvoraussetzungen für die Stelle gehören und deine Sprachkenntnisse auf die Probe gestellt werden sollen. Wahlweise ist Englisch an dieser Stelle natürlich mit jeder beliebigen anderen Fremdsprache gleichzusetzen. Deshalb solltest du immer darauf gefasst sein, wenn du in deiner Bewerbung angibst, eine Sprache zu sprechen, dass das dann auch im Interview überprüft wird. Dies geschieht mitunter sehr spontan und ohne dass du dich groß darauf vorbereiten kannst. Der Recruiter fragt dann zum Beispiel: »Sie haben in Ihrem Lebenslauf angegeben, dass Sie fortgeschrittene Französischkenntnisse haben. Hätten Sie etwas dagegen, wenn ich Ihnen an dieser Stelle ein paar Fragen auf Französisch stelle?« Dann zurückzurudern und auszuweichen ist denkbar schlecht, stellt es doch automatisch alle anderen Angaben in deiner Bewerbung infrage, wenn du schon bei den Sprachkenntnissen geschummelt oder übertrieben hast. Also bei den Fremdsprachen lieber tiefstapeln und dann im Interview beeindrucken, als dass dein »fließendes Italienisch« gerade mal ausreicht, eine Pizza zu bestellen.

## DIE OPTIMALE VORBEREITUNG AUFS ENGLISCHE INTERVIEW

Du bist zwar fit in Englisch, hast dir aber noch nie konkrete Gedanken gemacht, wie du auf englische Fragen im Jobinterview antworten würdest? Kein Problem, hier findest du eine Reihe klassischer Interviewfragen zum Üben. Am effektivsten ist es, wenn du die Antworten laut vor dich hinsprichst oder sie sogar mit deinem Smartphone aufnimmst. Dann kannst du dir deine eigenen Antworten anhören und dich selbst verbessern. Gemeinsam mit Alison Barber, Head Staffing Global Development, World Wide Franchises und Global Functions bei Novartis Pharma AG, haben wir dir ein paar Übungsfragen zusammengestellt:

### Typical English Interview Prompts and Questions

1. So tell me about yourself.

2. It says here in your resume that you spent a semester studying abroad. What was your biggest surprise/disappointment about this experience? Why?

3. Why do you want to leave your current job?

4. Why would you like to work for our company and what has attracted you to apply for this position?

5. How is this job and/or organization different from your current/previous one(s) and/or your experience?

6. Tell me about a time when you faced a serious leadership challenge. How did you overcome it?

**7** Do you remember a situation when you tried to accomplish an important task, and failed? What did you learn from that experience?

**8** Tell me about the most complex problem/challenge in your work/career you had to deal with. What made it so difficult?

**9** Tell me about a situation when you had to disagree with your colleagues (or boss). What happened?

**10** Give me an example of how you coped with receiving some surprising negative feedback. What was the situation, how did you feel and react? And how did you apply the knowledge gained from feedback?

**11** Tell me about a time when you had to work with teams or individuals who had different priorities to yours. How did you ensure a successful outcome?

**12** Tell me about a time when you had to work in a team of diverse cultures. How did you face the challenge?

Berücksichtige beim Üben mit diesen Fragen unbedingt die STAR-Methode, die wir in Kapitel 4 (»Die STAR-Methode im Griff«) vorstellen, und widme dich ebenfalls den Fragen, die *du* im Gespräch stellen möchtest. Was willst du auf jeden Fall erfragen, und wie machst du das am besten auf Englisch?

Prof. Dr. Christopher Weilage, Professor an der Munich Business School und MBA International Management Program Director, äußert sich in der folgenden Stellungnahme über die drei wichtigsten Unterschiede zwischen dem englischen und dem deutschen Jobinterview – natürlich auf Englisch!

**PROF. DR. CHRISTOPHER WEILAGE** »Congratulations on making it to the interview and having an advanced language level to proceed to an interview in English. As in all interviews, employers are looking for someone who can not only complete a job, but will complete it and at the same time get along with the other employees. After preparing students and professionals for interviews in English, the following three points provide the most crucial differences to interviewing in German.

Most interviews in English start with some version of »Tell me about yourself«. This is not a request for your life history or an opportunity to highlight all of your hobbies or personal characteristics. It is a chance to provide a strong opening showing how you match up for the position and leave the interviewer with a positive first impression. It is extremely difficult to make up for a weak starting performance.

As this is a very common question, it is also easily prepared for. The question should ideally be answered within one to two minutes. To prepare memorize a brief description of your background and match this to your strengths for the job. Topics to include are education, experience, achievements, goals, specific training, degrees obtained and skills related to the job.

While constructing the response consider it to be a commercial, in that it has points to grab one's attention by providing information of interest as statements and supports those statements with specific facts. Therefore focus on your strong selling points and state why they should hire you. Consider that your response demonstrates to employers what you consider being important, helps them determine if you fit into the corporate culture, provides insight into your values, tells what you have accomplished, and highlights skills such as motivation, organization, and preparation. Use language to show your personality so that the answer is not a boring fact recitation.

The second point concerning interviewing in English with non-German speakers that is often challenging is the uncertainty of formality in addressing people. Despite many English speaking lands immediately proceeding to address applicants by first name, there are many points that need to be considered before addressing an interviewer by their first name. In addition to culture, generational differences, recognition of status, and upbringing will all impact how quickly one finds this acceptable.

As you are the interviewee it is strongly advisable to wait until you are invited to address others by their first name. Following this rule will prevent any embarrassing situations. This is especially true in the situation where you may have multiple interviews with different managers. Do not be alarmed if the interviewing manager asks that you address him/her by first name immediately at the start of the interview. Do not interpret the usage of first names as an indication to begin answering questions with colloquial language or slouching in appearance. You are still being formally evaluated.

The third biggest tip for a successful interview in English is to brush up on one's vocabulary. Not only is it expected that applicants demonstrate correct usage of industry related terminology, but also the ability to correctly use a good arsenal of verbs. Further, when describing skills be sure to apply adjectives. The ability to use precise vocabulary will enable you to stand out from the other applicants and put forth the best impression possible. Being well prepared regarding these three points could easily be the difference between not only a job but also a successful career.«

**FAZIT** Jetzt weißt du, wie du diverse Interviewer im Panelinterview um den Finger wickelst, du bleibst cool im Stressinterview und hast mit Power Posing eine Geheimwaffe gegen Nervosität im Gepäck. Ob Telefon- oder Videointerview, du bist gut vorbereitet, und souverän in Fragen der Etikette im Jobinterview beim Geschäftsessen. Passende Formulierungen kommen dir auch in Englisch prima über die Lippen, und du bist bereit. Na, dann kann es ja losgehen …

Platz für deine Notizen

# 4 Und rein ins Vergnügen!

# *WIE DU DICH VON DEINER BESTEN SEITE ZEIGST*

**EINLEITUNG** TAG X IST DA, DU HAST DEINEN KÖRPER MIT EINEM POWER-FRÜHSTÜCK AUF HOCHLEISTUNG GETRIMMT UND BIST PÜNKTLICH UND GUT ORGANISIERT ZUM INTERVIEW ERSCHIENEN. AN DIESER STELLE GEHT ES NUN UM DIE VERSCHIEDENEN PHASEN DES GESPRÄCHS UND WIE DU SIE SOUVERÄN MEISTERST: VOM ERSTEN EINDRUCK BEI DER BEGRÜSSUNG BIS ZUR VERABSCHIEDUNG. DU HAST DEM UNTERNEHMEN EINIGES ZU BIETEN. JETZT HAST DU DIE GELEGENHEIT, DAS ZU PRÄSENTIEREN UND IM GEGENZUG NACH DEM EINSATZ DES UNTERNEHMENS ZU FRAGEN. WAS IST DEIN GEGENÜBER BEREIT, FÜR DICH ZU INVESTIEREN?

Dass es für den ersten Eindruck keine zweite Chance gibt, ist zwar ein Klischee, aber es ist auch etwas Wahres dran. Darum zählt sowohl, wie du dich benimmst, als auch, wie du das Interview eröffnest, wenn du dich vorstellst. Wie du dein »Produkt Ich« ins rechte Licht rückst, ohne aufzuschneiden, erfährst du hier. Wir erklären, wie du mit deinen Antworten zum STAR wirst und was der Recruiter hören will. Weil aber nicht nur zählt, *was* du sagst, sondern vor allem auch, *wie* du es sagst, werfen wir einen Blick auf deine Körpersprache und die Stimme. Du lernst, mit der Gehaltsfrage umzugehen, und welche klassischen Kardinalfehler du im Interview unbedingt vermeiden solltest. Außerdem geben wir dir wichtige Hinweise darauf, wie du mit schwierigen Fragen umgehst beziehungsweise welche Fragen du gar nicht erst beantworten musst. Mindestens genauso bedeutsam sind allerdings die Fragen, die *du* im Interview stellst, damit auch du viele wertvolle Informationen aus dem Gespräch mit nach Hause nimmst. Schließlich ist ein Jobinterview immer ein *beiderseitiges* Kennenlernen, und die Eignung des Unternehmens als dein potenzieller Arbeitgeber steht genauso auf dem Prüfstein wie deine Eignung für den Job.

# Der erste Eindruck zählt

Du bist fünf bis zehn Minuten vor Interviewbeginn am vereinbarten Interviewort erschienen, hast dich am Empfang gemeldet und wirst vermutlich ein paar Minuten auf deinen Gesprächspartner warten müssen. Und jetzt?

Idealerweise nutzt du diese Zeit, noch einmal deine Erscheinung vor dem Spiegel auf der Toilette zu überprüfen, eventuell noch einmal Power Posing zu machen und dich innerlich zu entspannen, indem du zum Beispiel ein paar Mal tief ein- und ausatmest. Rede dir mental gut zu und visualisiere ein letztes Mal, wie erfolgreich du dich gleich im Interview präsentieren wirst. Um den bestmöglichen ersten Eindruck zu machen hilft ein starker Einstieg unter Berücksichtigung einiger Benimmregeln.

## STIMMT DEINE IMAGESÄULE?

Anne Kräuchi, Inhaberin von Imagecoaching und Expertin für Themen rund um Kommunikation, Knigge und Karriere, erklärt, welche Umgangsformen im Vorstellungsgespräch essentiell und hilfreich sind.

**ANNE KRÄUCHI, IMAGECOACHING:** »Die gute Nachricht zuerst: Umgangsformen sind variable Spielregeln, und das macht sie zur Verhandlungssache. Die geschäftlichen unterscheiden sich von den gesellschaftlichen. Eine Person wirkt durch ihr

Auftreten, ihre Körperhaltung, ihre Gestik und Mimik, ihre Sprache, ihre Kleidung, den Einsatz ihres Smartphones und ihr Verhalten. Damit gibt sie anderen die Gelegenheit, sich durch ihre Wahrnehmung einen ersten Eindruck von ihr zu machen. Aufgrund dieser Visitenkarte werden Sympathie- und Kompetenzpunkte vergeben.
Die schlechte Nachricht: Niemand wird einen Kandidaten aus dem Tal der Blamagen holen, wenn er bewusst oder unbewusst die ungeschriebenen Gesetze, Gebote oder Verbote der geschäftlichen oder gesellschaftlichen Regeln übertreten hat. Gerade die Generation Y steht bei älteren Generationen, die vielerorts das Sagen haben, im Verdacht, eine Gruppe verwöhnter, verweichlichter und egoistischer digitaler Spielkinder zu sein. Demnach ist es egal, wie kompetent der Bewerber ist – wenn er erst mal unten durch ist, wird es schwer bis unmöglich, einen schlechten Start wieder wettzumachen.«

## Der Wahrnehmungsprozess einer ersten Begegnung

**Was passiert eigentlich, bevor überhaupt inhaltlich gesprochen wird? Du wirst binnen Sekunden gescannt, und das setzt eine Assoziationskette frei. Wie ist deine *Imagesäule*? Bezogen auf die starken Eindrücke aus Körperhaltung, Gestik und Mimik, Sprache, Kleidung, Gepflegtheit und Auftreten bedeutet das:**

- Deine Haltung ist okay, wenn du stehst und das Gewicht unsichtbar von beiden Beinsäulen getragen wird (anstelle der geknickten Hüfte). Lass deine Hände hängen oder nimm eine Kopie deiner Bewerbungsmappe in die Hand, damit keine nervösen Ticks entstehen.

- Gestik wird als kompetent und selbstbewusst wahrgenommen, wenn die Hände sich in einem gedachten Fenster von Gürtelhöhe bis Schulterhöhe bewegen (seitlich so breit, wie du möchtest). Gesten unterhalb der Gürtelhöhe sind zu intim, Gesten oberhalb der Schultern können als panisch angesehen werden. Darum Hände aus den Hosentaschen beim Gespräch!
- Mimik, Lächeln und Augenkontakt sind in westlichen Kulturen erwünscht. Wer ein Dauerlächeln merkt, sollte das allerdings ausknipsen – zu viel grinsen wirkt doof.
- Die Sprache ist angemessen, wenn kein extremer Dialekt und wenig Slangworte oder Begriffe aus dem Privatleben einfließen.
- Deine Kleidung sagt alles über dein Selbstbild und deinen Status – was genau willst du vermitteln? Zu neu, zu teuer, zu bunt und zu lässig ist neben sexy (freie Haut, durchsichtige Stoffe) ein K.O.-Kriterium.
- Gepflegt zu sein ist nicht nur eine Frage der Hygiene, sondern wird von manchen Interviewern auch als detailorientiert und zuverlässig interpretiert. Nach dem Motto: Wer auf »Kleinigkeiten« wie saubere Fingernägel und polierte Schuhe achtet, der behält auch im Job alles im Auge.
- Höfliches Verhalten lässt nicht nur auf eine gute Kinderstube schließen, sondern auch darauf, dass du die Menschen um dich herum respektierst und achtest. Jemandem die Tür aufzuhalten oder »bitte« und »danke« zu sagen kostet nichts und kann dich erheblich von anderen Mitbewerbern unterscheiden.
- Dein Smartphone hat natürlich Pause während des Gesprächs und sollte unsichtbar bleiben. Andernfalls lautet die (Vorurteils-)Diagnose: »Person ist digital ferngesteuert und setzt keine Prioritäten.«

**ANNE KRÄUCHI, IMAGECOACHING**: »Gute Umgangsformen sind dann gute Umgangsformen, wenn sie zu der eigenen Person, zum Gegenüber, zur Situation und zu den gemeinsamen Zielen passen. Wer diese vier Elemente so steuert, dass ein dynamisches Gleichgewicht entsteht, hat es leicht. Hier ist die fachliche, soziale und emotionale Intelligenz gefragt, und wer seinen sechsten Sinn (die Intuition) dafür einsetzt, die eigenen und die Interessen der anderen zu verbinden, hat klare Vorteile.«

Im globalen Dorf der heutigen Arbeitswelt entscheidet, emotionale und soziale Intelligenz immer mehr darüber, wer mit wem, warum, welche Projekte, Verträge und Karriereschritte beschließt - oder es bleiben lässt. Um auf der Sach- und Beziehungsebene eine Verbindung herzustellen ist es stets hilfreich, Fragen zu stellen und zuzuhören. Dabei erfährst du die Perspektive deines Gegenübers und hast eine Grundlage für deine Argumente in Richtung der gemeinsamen Zielorientierung (= in diesem Fall: du willst diesen Job / der Recruiter will die Vakanz besetzen).

Neben branchenspezifischem Wissen zum Dresscode, zu Small-Talk-Themen, zu Statussymbolen und zu Tabus, die per Erfahrung und Beobachtung greifbar werden, kannst du auch mit den passenden Umgangsformen auf der Ebene von Kompetenz und Akzeptanz einen Unterschied machen. Ein Zitat von Paul Watzlawik besagt: »Man kann nicht nicht kommunizieren.« Also tritt in Jobsituationen taktisch klug und selbstbewusst auf, denk dabei an deine Selbst-PR und dein Selbstmarketing. Das hilft, in deinen Fähigkeiten und Fertigkeiten positiv wahrgenommen zu werden. Dann heißt es: Die Bühne gehört dir. »Mut-haben ist das beste Gut-haben«, und da es für beide Seiten um eine Klärung der Passung geht, zeige, wer du bist, was du einbringen willst und was du erwartest.

**Die Bühne gehört dir!**

**BEWERBER-TIPP VON YPSILONERIN SIMONE PAULI:** »Bleib authentisch und natürlich, statt Antworten auswendig zu lernen oder nur das zu sagen, was der Arbeitgeber vielleicht von dir erwartet. In einem Gespräch, das vom Interviewer sehr direkt und offensiv geführt wird, kann man den Spieß ruhig auch mal umdrehen und selber etwas frechmutig und selbstbewusst sein.«

## DER KLEINE JOBINTERVIEW-KNIGGE

Der erste Eindruck ist gemacht, noch bevor ein Wort gesprochen wird. Nun aber geht es los. Meist eröffnet der Interviewer das Gespräch, oder du wirst aufgefordert, den Raum zu betreten. Dabei gehört es sich, dass du einen allgemeinen Gruß aussprichst (»Guten Tag«). Beim Näherkommen oder Betreten des Raums näherst du dich bis auf ca. zwei Meter an den Interviewer an und wartest ab, ob dir ein Handschlag angeboten wird. Darüber entscheidet allein der Gastgeber.

**Formfehler Nr. 1: Mit ausgestreckter Hand auf jemanden zugehen**

Wenn dir keine Hand angeboten wird, ist das noch lange kein schlechtes Zeichen. In dem Fall hältst du den Blickkontakt und nickst einfach kurz. Dann wartest du natürlich, bis dir ein Sitzplatz angeboten wird. Wenn ganz offensichtlich ein Stuhl für dich parat steht, kannst du auch fragen »Darf ich?«, setzt dich aber natürlich erst nach Zustimmung deines Gesprächspartners.

**Formfehler Nr. 2: Unaufgefordert Platz nehmen**

Egal, wie warm es auch sein mag, die Jacke beziehungsweise das Jackett solltest du nur nach Aufforderung ausziehen, und deine Tasche stellst du am besten neben deinem Stuhl auf den Fußboden oder vielleicht noch auf einen freien Platz

**Formfehler Nr. 3: Eine »Barriere« zwischen dir und dem Interviewer auf dem Tisch bauen**

neben dir. Sie gehört jedenfalls weder auf den Tisch noch auf deinen Schoß. Auch ein angebotenes Getränk stellst du besser seitlich in Reichweite, aber auch so, dass du es nicht leicht aus Versehen umstoßen kannst.

Meist beginnt das Interview dann mit ein bisschen Small Talk, und der ist genau das: *Small* Talk. Dabei greifst du einfach die Themen auf, die dein Gesprächspartner vorgibt. Meist handelt es sich dabei um deine Anfahrt, das Wetter oder den Verkehr. Jetzt ist nicht der Zeitpunkt, deinen Humor oder deine Motivation unter Beweis zu stellen, also statt Witze zu machen oder übertrieben engagiert zu wirken, bleib lieber neutral und antworte kurz, aber freundlich. Nett und angebracht sind auch deine ersten Eindrücke von Gebäude, Mitarbeitenden, Firmengelände oder Ähnlichem.

**Formfehler Nr. 4: Losplappern wie ein Wasserfall oder eine minutiöse Schilderung deiner Anreise widergeben**

Das Jobinterview ist kein Diktat. Egal, wie motiviert und engagiert du bist, zu viel aufzuschreiben wirkt eher abschreckend. Gar nichts aufzuschreiben wirkt desinteressiert. Stattdessen legst du zu Beginn des Interviews deinen Notizblock und einen Stift auf den Tisch und fragst, ob es okay ist, wenn du dir zwischendurch Notizen machst. Diese Frage wird in der Regel immer bejaht, allerdings solltest du dann im Gesprächsverlauf auch wirklich etwas aufschreiben und nicht später ein leeres Blatt wieder einstecken, sonst könnte der Interviewer denken, dass dich nichts im Gespräch wirklich interessiert hat. Zumindest den Namen deines Gesprächspartners kannst du dir zu Beginn notieren, sodass du ihn stets parat hast.

**Formfehler Nr. 5: Zu viel oder zu wenig mitschreiben**

Wenn du siehst, dass dein Gesprächspartner keine Kopie deiner Bewerbung oder deines Lebenslaufs dabeihat, biete ihm einen an, den du vorsorglich mitgebracht hast (siehe auch Kapitel 2: Wann, wo, wie?). Du hast natürlich auch für dich einen Lebenslauf dabei, damit du notfalls noch mal draufschauen kannst, wenn der Interviewer Detailfragen stellt.

**Formfehler Nr. 6: Den Interviewer um deinen Lebenslauf bitten, damit du seine Fragen beantworten kannst**

Für das Gespräch selbst gelten wenig zusätzliche Benimmregeln. Je authentischer du bist, desto eher kann dich der Interviewer einschätzen und beurteilen, ob du ins Unternehmen passt. Außerdem nützt es dir nichts, wenn du dich im Einstellungsgespräch total verstellst und nachher als völlig anderer Mensch den Job antrittst. Menschlichkeit ist sympathisch, und Ehrlichkeit entwaffnet. Mach dir keine Sorgen, wenn nicht jede Antwort gestochen scharf aus dir herauskommt oder du aufgeregt und etwas angespannt bist. Du kannst sogar sagen, dass du ein bisschen nervös bist. Das allein kann Spannungen lösen und gibt deinem Gesprächspartner die Möglichkeit, einen aufmunternden Kommentar abzugeben.

**Formfehler Nr. 7: Übertrieben lässig, übertrieben smart, übertrieben engagiert**

Stell dir vor, der Super-GAU passiert: Während des Interviews entfahren deinem Körper ungewollt Geräusche. Egal, ob Niesen, Schluckauf, Magenknurren oder Darmwinde – Körpergeräusche jeglicher Art werden höflich ignoriert. Das Gleiche gilt übrigens auch, wenn selbiges dem Interviewer passiert. Muss dein Gesprächspartner niesen, siehst du galant darüber hinweg. Du kannst zwar eine kurze Pause machen, bis sich dein Gegenüber wieder erholt hat, aber brauchst seine Unpässlichkeit nicht zu kommentieren. Selbst der traditionelle Wunsch nach »Gesundheit« ist im geschäftlichen Umgang nicht mehr wirklich zeitgemäß. Wenn du plötzlich niesen musst, dann am besten auf den linken Handrücken, gefolgt von einem leisen »Entschuldigung«. Sagt dann jemand »Gesundheit«, nickst du kurz, sagst »danke« und setzt das Gespräch fort, ohne weitere Kommentare zu Heuschnupfen, Erkältung oder Grippeimpfungen abzugeben. Das gehört in diesem Kontext nicht ins Gespräch.

**Profi-Tipp: Körpergeräusche**

## PRODUKT ICH: DEINE KNACKIGE SELBSTPRÄSENTATION

Nach der Small-Talk-Eröffnung beginnt das eigentliche Jobinterview. In diesem Schritt geht es darum, dein »Produkt Ich«, das du während deiner Interviewvorbereitung entwickelt hast, so gut wie möglich zu verkaufen. Der Schlüssel dazu ist eine knackige Selbstpräsentation, die deinen ganz persönlichen X-Faktor mit wenigen Worten auf den Punkt bringt. Zu Beginn der meisten Interviews wirst du gebeten, dich kurz vorzustellen oder deinen Lebenslauf zusammenzufassen. Das hat nichts damit zu tun, dass dein Gesprächspartner nicht lesen kann oder will. Entweder dient diese Frage schlichtweg der Überprüfung deines verbalen Ausdrucksvermögens und deiner Fähigkeit, zu priorisieren, oder der Interviewer hatte keine Zeit, sich deine Unterlagen vor dem Gespräch anzusehen. Natürlich ist das nicht optimal, und die wenigsten Interviewer würden es gerne zugeben. Aber die Wahrheit ist, dass sie mit ihrem Arbeitsalltag voll ausgelastet sind und die Vorauswahl der Kandidaten manchmal durch andere Mitarbeiter geleistet wurde. Somit nutzen viele Interviewer diese allgemeine Frage als Gesprächseinstieg, um deinen Lebenslauf wenigstens einmal kurz zu überfliegen, während du antwortest. Statt dich darüber zu ärgern, solltest du diese Situation zu deinem Vorteil nutzen.

### Dein ganz persönlicher X-Faktor

Genau dieser Moment ist die Chance, die Highlights aus deinem Lebenslauf hervorzuheben und in wenigen Sätzen auf den Punkt zu bringen, wer du bist, was du kannst und warum du heute hier bist. Wie das geht, erklärt Patrick Scheuerer, Mitgründer und Geschäftsführer der Xpreneurs GmbH, einer Beratungs- und Coachingfirma, die sich auf Potenzialentfaltung spezialisiert hat: Dein X-Faktor setzt sich aus deinem ganz individuellen Stärkenprofil zusammen, das so einzigartig ist wie dein Fingerabdruck. Diese Formel kann dir helfen, deine Stärken zu formulieren:

Stärke = Talent × (Wissen + Kompetenzen) × Einstellung

**TALENT** Bei unseren Talenten handelt es sich um auf natürliche Weise wiederkehrende Denk-, Gefühls- und Handlungsmuster. Diese Muster begleiten uns seit unserer Geburt. Sie hängen zu einem großen Teil von unserer neuronalen Vernetzung ab und sie beeinflussen, wie wir die Welt um uns herum wahrnehmen, welche Informationen wir bevorzugt als wichtig herausfiltern und welche wir verwerfen. Sie steuern auch, wie wir mit anderen Menschen in Kontakt treten und mit ihnen interagieren. Diese Denk-, Gefühls- und Verhaltensmuster kehren immer wieder, das heißt, wir müssen uns nicht anstrengen, damit sie auftreten. Es passiert einfach. Oft merken wir gar nicht, dass wir diese Talente einsetzen, weil sie sich für uns eben völlig natürlich anfühlen und keiner Anstrengung bedürfen. Das ist auch der Grund, weshalb wir manchmal unsere größten Talente als »nichts Besonderes« einstufen: Wenn es uns keine Anstrengung kostet, kann es nichts Besonderes sein und schon gar nichts, was uns einen entscheidenden Vorteil in einem Bewerbungsprozess verschafft. Dies ist jedoch ein großer Irrtum. Denn genau hier, im Bereich der natürlichen Talente, liegt unser größtes Entwicklungspotenzial. Und dieses Potenzial gilt es, im Jobinterview möglichst wirkungsvoll zu präsentieren.

**WISSEN + KOMPETENZEN** Wissen ist unser verfügbarer Bestand an Fakten, Theorien und Regeln zu unterschiedlichen Fachbereichen. Als Kompetenzen bezeichnen wir unsere verfügbaren kognitiven Fähigkeiten und Fertigkeiten, um bestimmte Probleme zu lösen. Oft antworten wir auf die Frage nach unseren Stärken mit einer Erklärung unseres besonderen Wissens oder unserer Kompetenzen. Dieser Aspekt wird aber tendenziell immer weniger wichtig. Viel Wissen hat heute eine relativ kurze Halbwertszeit. Was wir in der Schule gelernt haben, ist oft im Studium schon veraltet. Es wird heute als gegeben und völlig normal betrachtet, dass wir uns während unseres gesamten Berufslebens kontinuierlich weiterbilden müssen. Außerdem erkennen immer mehr Unternehmen, dass es sinnvoller ist, Leute wegen ihrer Einstellung und ihrem Potenzial einzustellen und das vielleicht fehlende Wissen noch anzutrainieren. »Hire for attitude, train for skills« heißt das Motto.

EINSTELLUNG Deine Einstellung beschreibt deine Veranlagung, in bestimmter Weise auf eine Person, eine soziale Gruppe, ein Objekt, eine Situation oder eine Vorstellung wertend zu reagieren. Diese Reaktionen können sich auf der Denk-, Gefühls- und Verhaltensebene ausdrücken. Beispiele für Einstellungen sind Vorurteile, Sympathie und Antipathie oder persönliche Werte.

Eine Stärke ist also die Summe aus den drei Faktoren Talent, Fähigkeiten (Wissen und Kompetenzen) und Einstellung. Wenn einer dieser Faktoren unreflektiert bleibt und du keine klare Vorstellung darüber hast, kannst du auch nicht überzeugend über deine Stärken sprechen. Deshalb solltest du im Jobinterview in der Lage sein, deine Talente, deine Fähigkeiten und deine Einstellung anhand konkreter Beispiele aus dem Alltag zu illustrieren. Und du solltest eine klare und überzeugende Vorstellung davon haben, wie du deine Talente, deine Fähigkeiten und deine Einstellung in deiner zukünftigen Rolle einsetzen kannst und welcher Mehrwert dadurch für das Unternehmen und für dein zukünftiges Team entsteht.

Anstatt bei der Selbstpräsentation deinen Lebenslauf eins zu eins wiederzugeben (oder noch schlimmer – ihn abzulesen!), solltest du in der Lage sein, dich mit wenigen Sätzen zu beschreiben und alles in diese Sätze zu packen, was dir wichtig ist.

**Profi-Tipp: Selbstpräsentation**

Was zunächst beinahe unmöglich klingt, ist im Prinzip *deine* Chance, den Rest des Interviews dahin zu lenken, wo es dir den größten Vorteil bringt. Denn ein aufmerksamer Interviewer hört genau hin und wird für seine weiteren Fragen Stichworte aus deiner Selbstpräsentation aufgreifen. Also nutze diesen Augenblick, indem du seine Aufmerksamkeit auf deine persönlichen Highlights lenkst und damit einen großen Teil des Gesprächs bestimmst.

## Dein Elevator Pitch

**Damit du nun aus deinen vielfältigen Stärken ein kurzes Statement zusammenbasteln kannst, um sie kurz und knackig vorzustellen, hilft dir eine Variation der Übung zum »Elevator Pitch« ◆.**

**Du hast für deine Selbstdarstellung im Jobinterview vielleicht zwei bis drei Minuten mehr Zeit, aber die Herangehensweise zum Herausfiltern deiner Stärken und Schlüsselqualifikationen ist die gleiche.**

◆ *Das ist die verbale Präsentation eines Angebots oder einer Idee (in diesem Fall deiner Arbeitskraft) innerhalb von 30 bis 60 Sekunden, mit der man auch den Geschäftsführer im Fahrstuhl überzeugen könnte, bevor der oben in der Geschäftsetage angekommen ist.*

**ÜBUNG** Dein X-Faktor als Elevator Pitch: Nimm dir eine Eieruhr, vier Seiten Papier und einen Stift zur Hand.

1. Was weißt du über die Firma, die Stelle und das gesuchte Bewerberprofil? Schreibe dir fünf Begriffe auf ein Blatt, die das Wichtigste zusammenfassen.

2. Denke an deinen bisherigen Werdegang (Schule, Ausbildung, Studium, Beruf) und notiere dir auf einem zweiten Blatt maximal fünf Stationen aus deinem Lebenslauf, die du unbedingt erwähnen möchtest.

3. Was sind deine natürlichen Talente und Stärken (siehe auch Kapitel 2 – Warum ausgerechnet du?), und welche von ihnen sind für deine Bewerbung am relevantesten? Schreibe dir fünf von ihnen auf ein drittes Blatt.

4. Warum möchtest du genau diesen Job in diesem Unternehmen übernehmen? Was hätte der Arbeitgeber davon, dich einzustellen? Denke an das, was dich motiviert und was du der Organisation geben kannst. Notiere dir maximal fünf Aspekte auf Blatt Nummer vier.

5. Nun legst du die vier Blätter vor dich hin oder klebst sie vor dir an die Wand oder an einen Spiegel. Stelle die Eieruhr auf drei Minuten. (Ja, du könntest dafür auch dein Smartphone nehmen, aber die Wahrscheinlichkeit, das es dich mit all seinen anderen Funktionen ablenkt, ist sehr groß, daher empfehlen wir an dieser Stelle die gute alte Eieruhr …) Nun versuchst du, den Blick auf die Notizen vor dir gerichtet, deinen ganz persönlichen – und sehr überzeugenden – Elevator Pitch zu formulieren, bevor die Uhr klingelt. Sprich laut vor dich hin und nimm dich gegebenenfalls dabei auf. Das machst du nun so lange, bis du es schaffst, dich binnen drei Minuten selbstbewusst, kurz und knackig vorzustellen.

**Natürlich solltest du deine Selbstpräsentation schon ein paar Mal zu Hause geübt haben, aber sie auswendig zu lernen ist wenig förderlich. Stattdessen kannst du dir lieber die wichtigsten Stichpunkte auf deinen Notizblock schreiben, den du zum Interview mitnimmst. Du kannst die Seite aufschlagen, wenn du dich vorstellst, und bei Bedarf auch mal kurz draufgucken. Das gibt dir eine gewisse Sicherheit, und du wirkst trotzdem authentisch und nicht wie vorprogrammiert.**

Platz für deine Notizen

# Körpersprache = schwere Sprache?

Bevor wir uns gezielt den Fragen widmen, die dich im Interview erwarten können, und wie du darauf antworten solltest, wollen wir noch einen Blick auf die nonverbale Kommunikation während des Vorstellungsgesprächs werfen.

Bereits im 2. Kapitel (Cool bleiben) haben wir festgestellt, dass besonders der Gesichtsausdruck des Sprechenden, aber auch seine Stimmelemente viel wichtiger sind als die Worte selbst. Wobei die Körpersprache mehr umfasst als Gesicht und Stimme. Wie kannst du also deinen Körper, deine Mimik und deine Stimme einsetzen, um im Jobinterview besonders positiv rüberzukommen?

## KÖRPERSPRACHE DECHIFFRIERT

Fangen wir mit dem Körper an, denn bevor du auch nur ein einziges Wort gesagt hast, senden dein Körper und deine äußere Erscheinung bereits eine Vielzahl von Signalen aus. Und diese Form der nonverbalen Kommunikation beginnt, lange bevor du den Interviewraum betrittst. Zum einen merken Interviewer, wenn du beim Eintreten plötzlich »in eine Rolle« schlüpfst oder auf einmal stocksteif wirst. Zum anderen stehst du seit dem Übertreten der Schwelle zum Firmenglände permanent unter Beobachtung. Auch wenn du nur auf dem Flur oder im Wartezimmer sitzt und denkst, dass du unbeobachtet bist, ist es wenig förderlich, lässig im Stuhl zu hängen, nervös an den Fingernägeln zu kauen oder sich unbewusst die Haare zu Dreadlocks zu zwirbeln. Du weißt nie, ob der Mitarbeiter, der gerade an dir vorbeigeht oder dich von Weitem sieht, ein späterer Kollege oder Vorgesetzte sein wird oder welches Feedback die Empfangsdame dem Hiring Manager gibt, wenn du dich bei der Ankunft unprofessionell verhalten hast.

Apropos Verhalten: Auch hier beginnt dein Eindruck nicht erst im Interview. Wie du dich vermeintlich »weniger wichtigen« Menschen gegenüber verhältst, kann genauso ausschlaggebend sein wie dein Eindruck beim Entscheidungsträger. Von Anfang an und jedem gegenüber, egal ob Sekretärin, Praktikant oder Reinigungskraft, solltest du respektvoll, höflich und zuvorkommend sein. Abgesehen davon, dass sich das ohnehin so gehört, weißt du nicht, wie schnell der interne Flurfunk funktioniert und ob der nächste Interviewer nicht schon Schlechtes von dir gehört hat, bevor du eine Chance hattest, dich bei ihm im Interview von deiner besten (aufgesetzten) Seite zu zeigen.

## Die 12 absoluten No-Gos der Körpersprache

**1** Steh und geh nicht schlaff und lässig, sondern aufrecht und dynamisch, denn gesunde Körperspannung strahlt Selbstbewusstsein und Kompetenz aus. Für die meisten bedeutet das, wenn sie »normal« stehen und sich dann bewusst aufrichten, dass sie noch um ein paar Zentimeter wachsen. Schultern zurück, Kopf hoch, Bauch rein – was beim Ballett gilt, sorgt auch im Jobinterview für die richtige Präsenz.

**2** Rück deinem Interviewer nicht zu nah auf die Pelle. Eine Armlänge Abstand gehört sich mindestens.

**3** Erwidere den Händedruck zur Begrüßung und zum Abschied nicht zu stark und nicht zu schwach, sondern in passender Intensität. Ein heftiger Händedruck ist zu dominant, ein lascher Händedruck ist beinahe ein K.O.-Kriterium für sich.

4 Sitz nicht zusammengesunken auf deinem Stuhl, sondern gerade und aufrecht, so, als wäre dein Kopf mit einem unsichtbar gespannten Faden mit der Zimmerdecke verbunden.

5 Lehn dich nicht zu weit zurück, das kann leicht gelangweilt, desinteressiert oder gar arrogant wirken. Lehn dich aber auch nicht zu weit vor, schon gar nicht quer über den Schreibtisch. Das wirkt aggressiv und einnehmend. Besser ist eine neutrale Position.

6 Verknote beim Sitzen nicht deine Beine, das sieht unmöglich aus und schnürt die Blutzufuhr ab. Stattdessen schlage die Beine locker übereinander oder besser noch, stell beide Füße auf den Boden und halte die Knie ruhig.

7 Verschränke deine Arme nicht vor der Brust. Das wirkt verschlossen, abwehrend und unsicher oder - in Kombination mit Zurücklehnen im Stuhl - unter Umständen auch streitlustig. Lieber kannst du die Arme seitlich hängen lassen oder im Sitzen auf die Armlehnen des Stuhls oder auf den Tisch legen.

8 Verstecke deine Hände nicht hinter dem Rücken, unter dem Tisch oder in deinen Hosentaschen. Noch schlimmer: Sitz nicht auf deinen Händen! Offen und zugänglich wirkst du, wenn deine Hände für deinen Gesprächspartner sichtbar sind.

9 Vermeide hektische oder zu ausladende Bewegungen und halte deine Hände grundsätzlich eher ruhig, aber auch nicht krampfhaft gefaltet wie beim Gebet. Verzichte insbesondere auf schnelles, heftiges Gestikulieren, schneidende Arm- und Handbewegungen und das Zeigen mit dem Fin-

ger auf Personen. Keine dieser Bewegungen bringt Sympathiepunkte. Zurückhaltend natürlich zu gestikulieren, ist noch immer die beste Option, sie macht dich lebendig und stimuliert außerdem dein Gehirn.

**10** Nicke nicht zu viel und zu heftig, das wirkt albern. Wenn du deine Zustimmung signalisieren willst, nicke kurz und halte den Kopf dann wieder still.

**11** Fass dir nicht andauernd ins Gesicht oder in die Haare. Viele Menschen tun das, ohne sich dessen bewusst zu sein.

**12** Zappel nicht nervös herum, weder in Form von wippenden Beinen und Füßen noch in Form von sich knetenden Händen, Kugelschreiber-Klicken, am eigenen Schmuck oder Haar herumzupfen oder mit Kleingeld in den Hosentaschen spielen.

## Du bist ein Zappelphilipp? Überliste dich selbst

Wenn es um die Körpersprache geht, sind das nervöse Herumzappeln oder die – meist unbewussten – Ticks, die du dir angewöhnt hast, eigentlich dein größter Feind im Jobinterview. Alles andere kann zwar unprofessionell und fehl am Platz wirken, aber kaum irgendetwas lenkt den Interviewer so sehr ab wie sinnloses, wiederholtes Verhalten, dessen sich der Bewerber offensichtlich nicht bewusst ist. Das ist schade, denn wenn der Recruiter irgendwann nur noch damit beschäftigt ist mitzuzählen, zum wievielten Mal du dir jetzt schon wieder die Haare aus dem Gesicht streichst, dann ist seine Aufmerksamkeit ganz offensichtlich nicht mehr da, wo sie für dich förderlich wäre, nämlich bei dem, was du zu sagen hast. Damit kein Missverständnis ent-

**Alle Ticks im Griff**

steht: Natürlich gibt es krankhafte Ticks und Nervenstörungen, für die ein Mensch nichts kann, aber viele Verhaltensweisen, die sich in der Interviewpraxis häufig beobachten lassen, sind einfach nur unsinnige Angewohnheiten:

- Mit den Knien, dem übergeschlagenen Bein oder dem Fuß wippen.
- Häufiges Blinzeln oder alle paar Sekunden die Augen zusammenkneifen.
- Beim Sprechen die Augen schließen.
- Sich die Brille hochschieben oder sie ständig auf- und absetzen.
- Die Nase hochziehen oder mit den Nasenflügeln zucken.
- Sich auf die Lippe beißen oder mit den Fingern an der Lippe zupfen.
- Sich ans Ohr, an den Bart oder ans Gesichtspiercing fassen.
- Sich die Haare zwirbeln, zupfen, sie aus dem Gesicht streichen.
- Sich ständig an die Ärmel, an den Kragen, an Ringe und Armreifen fassen oder zum Beispiel mit der Halskette spielen.
- Sich vor jedem Satz räuspern oder beim Sprechen andauernd »äh«, »hm«, »nä?«, »okay« oder ähnliche Ausdrücke und Floskeln verwenden.

Na, erkennst du dich in dem einen oder anderen Punkt wieder? Die schlechte Nachricht ist, dass uns unser nervöses Verhalten fast nie bewusst ist, und auch unsere Freunde werden uns nur bedingt Feedback geben, wenn sie unsere Freunde bleiben wollen. Am besten kommst du dir und deinen Ticks auf die Spur, wenn du dich selber aufnimmst oder dich sogar professionell coachen lässt. Sowohl ein Karrierecoach als auch deine Kamera sind gnadenlose Beobachter deines Verhaltens und werden dir einen Spiegel vorhalten.

Die gute Nachricht ist: Du kannst etwas dagegen tun, indem du dich selber austrickst, um deine unschönen Angewohnheiten im Zaum zu halten. Einerseits kannst du deine Freunde, Familie und Mitbewohner bitten, dich darauf aufmerksam zu machen, wenn du wieder einmal anfängst, deinen Ticks nachzugeben. Andererseits kannst du ein paar Tricks anwenden, um es im Jobinterview gar nicht erst so weit kommen zu lassen. Du kannst dich zum Beispiel bewusst so hinsetzen, dass du kaum mit den Füßen wippen kannst, indem du sie fest auf den Boden stellst, du kannst dir die Haare zusammenbinden, damit du sie dir nicht ständig aus dem Gesicht streichen musst, oder du kannst auf Schmuck verzichten, denn dann kannst du auch nicht daran herumfummeln.

## Mimik ist das A und O der Kommunikation

Über deine Mimik vermittelst du den größten Anteil deiner nonverbalen Kommunikationsinhalte. Die differenzierte Muskulatur macht unser Gesicht besonders ausdrucksstark. Neben der Mundpartie sind die Augen Kommunikationsträger Nummer eins. Mit ihnen kannst du fast alle menschlichen Regungen und Gefühle ausdrücken, ohne auch nur ein einziges Wort sagen zu müssen. Während du deine Mimik im Jobinterview bewusst einsetzen kannst, um mit deiner Ausstrahlung und deinem Einfühlungsvermögen Pluspunkte zu sammeln, ist es aber mindestens genauso wichtig, deine Gesichtszüge nicht unbewusst entgleisen zu lassen. Auch wenn du im Gespräch etwas erfährst, was dir nicht unbedingt gefällt oder was du anzweifelst, solltest du deine Mimik im Zaum halten, um keine Sympathien zu verspielen.

Ein erfahrener Interviewer kann sich anhand deiner Körpersprache und deiner Mimik bereits ein ziemlich gutes Bild davon machen, wer du bist und wie du dich im Job – besonders in stressigen Situationen – verhalten wirst. Solange du unter Beobachtung stehst, und zwar vor, während und nach dem eigentlichen Interview, verrät dein Körper, ob du nervös, angespannt, oberflächlich, passiv oder überheblich bist. Wenn du im Eifer des Gefechts eine falsche Antwort gibst oder nicht alle Erwartungen des Interviewers erfüllst, ist das meistens verzeihlich. Wenn deine Körpersprache aber permanent negative Signale sendet, ist das für einen geschulten Interviewer ein rotes Tuch. Während du nämlich fehlende Qualifikation auch nachträglich noch erwerben kannst, sind schlechtes Benehmen, Mangel an Selbstbewusstsein oder Arroganz leider weniger leicht zu beheben.

## Die 7 DOs and DON'ts deiner Mimik

**1** Begrüße deinen Gesprächspartner mit einem Lächeln. Lächle auch während des Interviews ein paarmal bewusst, um nicht nervös, unfreundlich oder desinteressiert zu wirken.

**2** Press die Lippen nicht zu sehr auf einander, auch wenn du gestresst bist. Das sieht verkniffen und fies aus. Wenn dein Mund nicht lächelt, halte ihn neutral, aber freundlich. Das kannst du übrigens prima vor dem Spiegel üben!

**3** Drücke bei Schilderungen im Gespräch dein Verständnis und Mitgefühl aus, verbal, aber eben auch durch deinen Gesichtsausdruck. Stirn runzeln, Augenbrauen hochziehen, den Mund verziehen – unsere Gesichtsmuskeln bieten ein riesiges Arsenal, uns nonverbal auszudrücken. Unsere Mimik drückt Einfühlungsvermögen aus, und das ist ein wichtiger Bestandteil von emotionaler Intelligenz.

**4** Halte Augenkontakt, und zwar ein winziges bisschen länger, als du denkst, besonders bei der allerersten Begegnung und der Begrüßung. Über die Augen nimmt man Verbindung mit einer anderen Person auf, und gerade im Interview willst du diese Verbindung von Anfang an auf ein festes Fundament stellen.

**5** Starre dein Gegenüber aber auch nicht an. Es gibt einen Unterschied zwischen Augenkontakt halten und anglotzen. Ständig woanders hinzusehen, wenn der Interviewer mit dir spricht, ist allerdings ebenso schlimm. An die Decke zu starren oder auf die Tischplatte wirkt unpersönlich und irritierend für den Gesprächspartner.

**6** Sieh vor allem während des Gesprächs nicht auf die Uhr oder auf dein Smartphone. Der Interviewer könnte denken, dass du gerade lieber woanders wärst.

**7** Übertriebene Mimik, wie Augenrollen, Augen und Mund weit aufreißen oder sich die Hand im gespielten Schock vor den Mund halten, ist ebenso unangebracht wie ein starres Pokerface. Nichts in deinem Gesicht ablesen zu können ist für dein Gegenüber sehr unangenehm und fragwürdig. Wer will schon mit einem Roboter zusammenarbeiten?

Zusammenfassend lässt sich zur Mimik sagen: Halte natürlichen Augenkontakt, lächle und zeige empathische Reaktionen auf das, was dein Gegenüber sagt oder tut. Auch das kannst du zu Hause vor dem Spiegel probieren. Mit zunehmender Übung fühlst du dich irgendwann selbstsicherer, und mit mehr Selbstsicherheit hast du auch automatisch deine Körpersprache und Mimik besser im Griff. Das kann so etwas Einfaches sein wie zu üben, einen Interviewraum zu betreten und zu verlassen, oder »Guten Tag« und »Auf Wiedersehen« zu sagen. Was hier beinahe lächerlich klingt, ist eine sehr effektive Übung, um mit kleinen Schritten zum Interviewprofi zu werden und auf dem Weg dahin deine Präsenz zu stärken.

Selbst wenn du schon unterwegs bist oder im Interviewraum sitzt und auf deinen Gesprächspartner wartest, kannst du noch etwas tun, um deine Körpersprache zu optimieren und gleich-

Profi-Tipp »Check-in«

zeitig deine Nervosität zu bändigen. Wie das geht, verrät Ilene Bergelson, Fitness- und Kommunikationstrainerin in New York. Alles, was du brauchst, ist ein Moment der Konzentration und Achtsamkeit, und schon kannst du deinen ganz persönlichen »Check-in« vornehmen:

**ILENE BERGELSON, FITNESS- UND KOMMUNIKATIONS-TRAINERIN:**

»Beim ›Check-in‹ scannt man seinen Körper quasi innerlich von oben bis unten oder fokussiert sich nur auf einen bestimmten Bereich, um zu spüren, wie sich diese Körperzone anfühlt und was man tun kann, um sie noch weiter zu entspannen und zu unterstützen. Zwar geht das auch im Stehen, aber am besten funktioniert der Check-in Scan, wenn man im Sitzen etwas nach vorne rutscht und sich nicht anlehnt. Die Füße sind flach auf den Boden gestellt, sodass man eine feste Erdverbindung hat und ein gutes Gespür für seinen Körper entwickeln kann. Fühle in dich hinein und spüre, wo dein Körper den Fußboden und die Sitzfläche berührt. Von dort wächst dein Körper empor, und du entfaltest deine ganze Größe und Präsenz. Atme entspannt und richte deine Aufmerksamt nach innen. Scanne deinen Körper dort, wo er es am nötigsten hat. Wichtig ist, was auch immer du empfindest, nicht zu beurteilen und keine Veränderung zu erzwingen. Du merkst vielleicht, dass dir an manchen Stellen warm ist, dass es irgendwo kribbelt, dass du angespannt bist oder dass irgendwo ein kleiner Nerv zuckt. Indem du dir deines Körpers bewusst wirst, nimmst du dich an, so wie du bist, du reduzierst deine Nervosität und kannst kleinste Veränderungen an deiner Position vornehmen, die dir mehr Wohlbefinden und daraufhin eine bessere Ausstrahlung schenken.«

## Der Ton macht die Musik

Bei allem Fokus auf Körpersprache und Mimik wollen wir uns aber auch noch dem zweitwichtigsten Kommunikationsträger zuwenden: dem Ton deiner Stimme. Auch er ist wichtiger als das eigentlich gesprochene Wort. Erstaunlich, aber wahr, ist es bedeutsamer, *wie* du etwas sagst, als *was* du sagst.

Während deine Stimme an sich durch genetische Faktoren, durch Einflüsse wie Erziehung und kulturelles Umfeld geprägt ist, ist sie doch veränderbar. Sie klingt zum Beispiel unterschiedlich, je nachdem, ob du dich ausgelaugt fühlst oder beschwingt, traurig, wütend oder ausgeglichen. Durch die Modulation von Lautstärke, Sprechtempo und Tonlage kannst du verschiedenen Empfindungen Ausdruck verleihen. Du kannst zum Beispiel die neutralen drei Worte »es ist kalt« so sprechen, dass sie entweder erstaunt, empört, genervt, überrascht oder erfreut klingen. Je nachdem, wie die Information in den Ohren deines Gesprächspartners ankommt, wird er auch anders darauf reagieren. Im Jobinterview ist das nicht anders. Es lohnt sich also, sich kurz einmal Gedanken zu machen, wie du deine Stimme optimal einsetzt, um einen guten Eindruck zu machen. Denn genauso, wie du kindisch, ängstlich, lustlos oder überheblich klingen kannst, kannst du mithilfe deiner Stimme auch professionell, kompetent, selbstbewusst und überzeugend wirken, und genau das willst du ja im Vorstellungsgespräch erreichen. Wichtig ist es, im Interview vor allem langsam, laut und deutlich zu sprechen. Lege Überzeugung in deine Stimme und mach angemessene Sprechpausen. Achte darauf, nicht zu nuscheln, keine Silben oder Wortendungen zu verschlucken und nicht zu monoton vor dich hin zu dozieren. Auch das kannst du üben!

Schock schwere Not, du hast morgen ein Vorstellungsgespräch, und dir droht die Stimme zu schwinden? Heiserkeit kann jeden treffen, und es gibt nicht viel, was du dagegen tun kannst. Das oberste Gebot lautet: Stimme schonen! Angestrengtes Krächzen ist ebenso Gift für die Stimmbänder in dieser Situation wie Flüstern, also am besten *gar nicht* sprechen und ausruhen. Der Profi empfiehlt Rotulmen-Tee als ausgezeichnetes Linderungsmittel und Geheimrezept derer, die auf ihre Stimme angewiesen sind. Auch speziell für

**Profi-Tipp für den Stimm-Notfall**

Sänger entwickelte Halssprays, die auf den Wirkstoffen der Aloe-Vera-Pflanze basieren, können in Notfällen Abhilfe schaffen. Allerdings ersetzt nichts dergleichen das Schonen der Stimme und ausreichend Schlaf!

Weitere Tipps zum Thema »Stimme« gibt es im Trainingsbuch *Sprechen wie der Profi* von Monika Hein.

# Die STAR-Methode im Griff

Nun kommen wir zur Essenz des Jobinterviews, den Fragen. Du erfährst, was ein Recruiter eingentlich hören will, wenn er dir eine Frage stellt, und wie du sie geschickt beantwortest. Denn im Interview dreht sich alles um STARs …

Professionell geschulte Interviewer wenden in der Regel verhaltensbasierte Interviews an (»Behavioral Interviewing«). Bei dieser Methode handelt es sich um eine bestimmte Befragungstechnik, die auf dem Grundsatz basiert:

Past behavior predicts future behavior.

Der Interviewer geht also davon aus, dass dein Verhalten in der Vergangenheit Rückschlüsse darüber zulässt, wie du dich auch in Zukunft verhalten wirst. Deshalb stellt er dir lauter Fragen zu verschiedenen Situationen, die du vielleicht schon einmal erlebt hast, und will wissen, wie du damit umgegangen bist. Natürlich beziehen sich seine Fragen auf einen Kontext, der im weitesten Sinne mit der zu besetzenden Stelle zu tun hat, damit er umfassende Informationen über deine Fähigkeiten und Verhaltensweisen in einem ähnlichen Zusammenhang erhält.

Diese Fragen beginnen häufig mit Variationen von:

- Erinnern Sie sich noch an eine Situation, in der Sie …
- Erzählen Sie mir von …, als Sie …
- Ist es schon mal vorgekommen, dass …
- Wann haben Sie das letzte Mal …
- Hatten Sie schon mal einen schwierigen Kunden/eine revolutionäre Idee/ein Problem mit ihrem Team …? Was haben Sie da gemacht?

Wann immer solche Fragen im Interview auftauchen, hat der Recruiter nur ein einziges Ziel: Er will einen STAR finden. Und damit bist nicht du gemeint, sondern eine komplette Antwort auf seine Frage. Und die sieht so aus:

**SITUATION** Was waren die Situation und deren Rahmenbedingungen, in der du dich befunden hast?

**AUFGABE (TASK)** Was war in dieser Situation das angestrebte Ziel beziehungsweise was war die Aufgabe, die du in dieser Situation lösen solltest?

**HANDLUNG (ACTION)** Welche *konkreten* Handlungen hast du vorgenommen oder nicht vorgenommen, um dieses Ziel zu erreichen; welche alternativen Handlungen hast du vielleicht in Erwägung gezogen und warum hast du dich dann für eine bestimmte Aktion entschieden?

**ERGEBNIS (RESULT)** Was war das Resultat deiner Handlungen, hast du dein Ziel erreicht und was hast du aus der Situation gelernt?

STAR ist also das Kürzel der englischen Bestandteile einer idealen Kandidatenantwort:

**STAR = Situation + Task + Action + Result**

Verhaltensbasierte Interviews ermöglichen eine nachweislich treffsicherere Einschätzung der Eignung eines Bewerbers für eine bestimmte Stelle, denn es ist für Kandidaten viel schwerer, sich zu verstellen oder etwas vorzugeben, was nicht der Fall ist, wenn sie nach einer konkreten Situation aus ihrer Vergangenheit gefragt werden. Vielleicht kannst du zu Beginn deiner Antwort noch schwindeln oder irgendetwas erfinden, aber ein guter Interviewer wird so lange nach konkreten Aufgaben, Handlungen und Ergebnissen fragen, bis du sehr detailliert geantwortet hast - oder bis er ausreichend Verdachtsmomente gesammelt hat, um zu vermuten, dass deine Geschichte nur der Fantasie entspringt.

In einem gut strukturierten Interviewprozess haben die verschiedenen Interviewer die zu überprüfenden Fähigkeiten und Verhaltensweisen, die für die zu besetzende Stelle wichtig sind, unter sich aufgeteilt. Häufige Kompetenzen, die mittels verhaltensbasierten Interviews überprüft werden, sind in dieser Tabelle alphabetisch aufgelistet:

| | |
|---|---|
| Anpassungsfähigkeit | Kundenorientierung |
| Belastbarkeit | Organisationsgeschick |
| Change Management | Präsentationskompetenz |
| Detailorientierung | Qualitätsmanagement |
| Eigeninitiative | Risikomanagement |
| Entscheidungsfreude | Teamfähigkeit |
| Führungskompetenz | Überzeugungskraft |
| Innovationsmanagement | Verhandlungsgeschick |
| Kommunikationsfähigkeit | Verkaufstalent |
| Konfliktmanagement | Zeitmanagement |

## SO WIRST DU IM INTERVIEW ZUM STAR

Du erleichterst dem Interviewer (und dir selbst) das gesamte Gespräch, wenn du stets an die STAR-Formel denkst (STAR = Situation + Task + Action + Result) und deine Antworten dementsprechend gestaltest. Leider wissen die wenigsten Bewerber um das Erfolgsrezept verhaltensbasierter Interviews, sodass sie statt vollständiger STARs nur teilweise Antworten abliefern, was dann dazu führt, dass der Recruiter endlos nachbohren muss, um auf seine STARs zu kommen. Schließlich hat er etwas ganz Bestimmtes im Sinn, nämlich dass er dich und deine Eignung in Bezug auf ganz konkrete Anforderungen und Fähigkeiten überprüfen will. Dementsprechend sucht er nach Geschichten aus deiner Vergangenheit, die ihm Beweise für eben genau diese Fähigkeiten liefern. Womit die meisten Bewerber antworten, ist jedoch eine dieser STAR-Varianten:

UNVOLLSTÄNDIGE STARS Es fehlt entweder die Situation, die Aufgabe, die Handlung oder das Ergebnis in der Antwort des Bewerbers.

FALSCHE STARS Der Kandidat gibt vage oder theoretische Antworten, schildert zukünftige Absichten oder schlichtweg seine Meinung, beschreibt aber keinen konkreten STAR.

Im folgenden Test kannst du überprüfen, ob du über die besten Kandidatenantworten Bescheid weißt. Die Lösungen findest du auf Seite 229.

## ÜBUNG STAR-Quiz

Antwort 1: »Ich bin überzeugt, die wichtigste Qualität einer Führungskraft ist Einfühlungsvermögen. Wenn man seine Mitarbeiter versteht und was in ihnen vorgeht, kann man auch als Führungskraft entsprechend darauf eingehen.«

Ist dieser STAR
a) vollständig,
b) unvollständig,
c) falsch?

Antwort 2: »Damals war ich im Einkauf tätig, und unser Team arbeitete an einem sehr wichtigen neuen Vertrag. Ich kann Ihnen sagen, das war eine ganz schöne Herausforderung, und wir mussten heftig verhandeln. Aber am Ende hatten wir den Zulieferer so weit dass er fast allen unseren Forderungen zustimmte.«

Ist dieser STAR
a) vollständig,
b) unvollständig,
c) falsch?

Antwort 3: »Als ich den Job übernahm, gab es keinerlei System, um Kundenbeschwerden systematisch zu bearbeiten. Also entwickelte ich ein Formular und eine Datenbank und zeigte allen Kollegen, wie sie die benutzen konnten.«

Ist dieser STAR
a) vollständig,
b) unvollständig,
c) falsch?

Antwort 4: »Wenn ich in meinen Verkaufspräsentationen einen Einwand höre, dann stelle ich sicher, dass ich ihn verstanden habe, erkenne die Bedenken des Kunden an und versuche, sie zu zerstreuen, indem ich erkläre, wie unser Produkt seinen spezifischen Anforderungen entspricht. Das funktioniert immer.«

Ist dieser STAR
a) vollständig,
b) unvollständig,
c) falsch?

Antwort 5: »Die Qualitätkontrolle gab an, dass wir mehr defekte Einheiten produzierten als sonst. Obwohl wir mit den Bestellungen der Kunden schon im Rückstand waren, entschied ich, die Produktionsanlage komplett runterzufahren und erst mal die Fehler zu beheben. Mein Chef war nicht sehr glücklich darüber, aber am nächsten Tag produzierten wir wieder top Qualität.«

Ist dieser STAR
a) vollständig,
b) unvollständig,
c) falsch?

## Wie kannst du dich auf deine STARs vorbereiten?

**Wie immer macht auch in dieser Hinsicht Übung den Meister. In Kapitel 2 hast du gelernt, wie du deine natürlichen Talente und Stärken entdecken kannst. Diese Erkenntnisse kannst du jetzt nutzen, um im Vorstellungsgespräch zu überzeugen!**

**PATRICK SCHEUERER, XPRENEURS-GESCHÄFTSFÜHRER:** »Der Zugang über unsere natürlichen Talente und Stärken birgt gerade für den Bewerbungsprozess einen besonderen Vorteil: Das Schöne an unseren Talenten ist nämlich, dass wir sie bereits ein ganzes Leben (oft unbewusst) nutzen. Wir müssen uns keine künstlichen und sperrigen Geschichten ausdenken, sondern wir können authentisch und überzeugend über konkrete Situationen berichten, in denen wir unsere Talente genutzt haben.«

**Und so bereitest du dich auf die STAR-Fragen in deinem Jobinterview vor:**

1 Sieh dir die Stellenausschreibung genau an und überlege dir, welche Kompetenzen für den Job benötigt werden, für den du dich bewirbst. Dies sind dann wahrscheinlich auch die Fähigkeiten, die in den verschiedenen Interviews abgefragt werden. Welche deiner Erfahrungen und Stärken sind in diesem Zusammenhang besonders relevant und nutzenstiftend für den Arbeitgeber?

2 Nun überlege dir für jede deiner Stärken eine konkrete Situation, in der du sie bereits effektiv einsetzen konntest. Worum ging es dabei? Was waren die Rahmenbedingungen? Das kann eine Situation aus dem Arbeitsleben, aus Studium/Schule/Ausbildung oder notfalls sogar aus der Freizeit sein.

3 Welches Ziel hast du in dieser Situation verfolgt? Was war deine Aufgabe oder die Herausforderung?

4 Was hast du konkret getan? Wie kommt in dieser Handlung eine deiner Stärken zu Ausdruck? Welches besondere Talent, Fachwissen oder welche Einstellung hast du einbringen können? Warum hast du dich zu dieser bestimmten Handlung entschieden?

5 Was war das Ergebnis? Wie haben dich deine Stärken dabei unterstützt, in dieser Situation besonders effektiv und erfolgreich zu sein? Wenn andere Personen beteiligt waren, wie hast du in dieser Situation einen Nutzen für andere geschaffen?

Am besten übst du mit konkreten Fragen, die an dich gestellt werden könnten, und sprichst die Antworten laut aus. Du kannst dich von einem Freund interviewen und dir von ihm Feedback geben lassen oder dich selbst dabei aufzeichnen.

1. Ist es schon mal vorgekommen, dass Sie sich an eine schwierige oder sehr ungewohnte Situation anpassen mussten? Erzählen Sie mir davon.

2. Haben Sie schon einmal die Grenzen Ihrer Belastbarkeit erreicht? Wie sind Sie damit umgegangen?

3. Wann mussten Sie das letzte Mal sehr detailorieniert und genau arbeiten? Ist Ihnen das gelungen?

4. Mussten Sie schon einmal in sehr kurzer Zeit etwas Neues lernen? Wie haben Sie das gemacht?

5. Erinnern Sie sich noch an eine Situation, in der Ihre Eigeninitiative gefragt war? Was haben Sie da unternommen?

6. Hatten Sie schon mal ein Problem mit einem Ihrer Mitarbeiter? Wie sind Sie damit umgegangen?

7. Erzählen Sie mir von einer schweren Entscheidung, die Sie in Ihrem letzten Job treffen mussten. Warum haben Sie so und nicht anders entschieden?

8. Wann mussten Sie das letzte Mal jemanden von einer neuen Idee überzeugen? Ist es Ihnen geglückt, und wie haben Sie das gemacht?

**9** Hatten Sie schon mal einen extrem schwierigen Kunden? Was hat ihn so schwierig gemacht, und wie sind Sie damit umgegangen?

**10** Wenn Sie unzählige Aufgaben und Projekte parallel managen sollen, wie machen Sie das und behalten den Überblick? Erzählen Sie mir davon.

**11** Wann sind Sie das letzte Mal gescheitert, und was haben Sie aus dieser Erfahrung gelernt?

**12** Wo sehen Sie sich selbst in zwei / fünf / zehn Jahren?

Sei ehrlich, übertreibe nicht mit deinen Schilderungen und behalte eine positive Grundstimmung, auch wenn du gerade ein Negativbeispiel bringst. Wichtig ist auch, trotz der erforderlichen Ausführlichkeit bei der Schilderung deiner Beispiele, möglichst zügig auf den Punkt zu kommen und dabei Fachjargon und Abkürzungen zu vermeiden. Du denkst vielleicht, dass dich das intelligenter klingen lässt, aber du kommst eher wie ein »Schlaumeier« rüber, und es nützt dir gar nichts, wenn der Interviewer dir nicht folgen kann. Stattdessen beschreibe Situation und Aufgabe einfach, kurz und knapp, dann etwas mehr Details zu deiner Aktion und schließlich mit wenigen Worten das Ergebnis deiner Handlung. Langes Geschwafel ist überflüssig. Wenn der Interviewer zusätzliche Details und spezielle Informationen wissen möchte, wird er danach fragen. Aber die Zeit im Interview ist schnell vergangen, der Recruiter hat viel auf dem Zettel, und je mehr vollständige STARs du ihm liefern kannst, desto bessser schneidest du in der Bewertung geeigneter Kandidaten ab! Die STARs funktionieren natürlich auch auf Englisch.

## Fragen nach dem Scheitern

Wenn dich der Interviewer gezielt nach Situationen fragt, in denen du gescheitert bist, sei nicht schockiert oder versuche nicht zu versichern, dass du noch nie gescheitert bist - das glaubt dir sowieso keiner. Sinn und Zweck dieser Fragen ist es vielmehr, herauszufinden, wie selbstreflektiert du bist und ob du auch aus negativen Erfahrungen lernen kannst, anstatt die Schuld bei anderen zu suchen, dich herauszureden oder dir selbst etwas vorzumachen. Beantworte auch diese Fragen offfen, ehrlich und authentisch und biete dem Interviewer einen STAR, also Situation, Aufgabe, Handlung und Resultat. Fokussiere dich hierbei vor allem auf das Ergebnis des Scheiterns, was du daraus gelernt hast und beim nächsten Mal anders machen würdest oder sogar schon anders gemacht hast. Das ist das Goldnugget im Schmuddel deiner Geschichte des Scheiterns, das der Interviewer mit dieser Frage sucht.

## Typische Fehler beim Geben von STAR-Antworten

Wenn dir auf eine Frage nicht sofort eine passende Antwort einfällt, nimm dir einen Augenblick Zeit, darüber nachzudenken. Du kannst dem Interviewer auch sagen, dass du einen Moment überlegen musst. Das Wichtigste ist, dich nicht zu stressen und entspannt zu bleiben, damit dein Gehirn nicht blockiert. Wenn du merkst, dass du nervös wirst, atme bewusst ein und aus, bevor du eine Antwort gibst. Wenn dir partout kein passendes Beispiel einfallen will, dann sag das auch. Ein guter Interviewer kann seine Fragen so umformulieren, dass er letztlich die Antwort bekommt, die er sucht. Auf jeden Fall vermeiden solltest du diese typischen Fehler:

- Du beschreibst ewig lang eine Situation oder Herausforderung, aber vergisst dann völlig, deinen Einfluss auf diese Situation oder Herausfoderung in den Vordergrund zu stellen.
- Aus deinen Antworten geht nicht klar und deutlich hervor, was genau *du* in der Situation getan hast.

Du sagst: »wir haben …«, »unser Team hat …«, »man musste …« – das sagt aber nicht konkret aus, was *du* zur Lösung des Problems beigetragen hast.

- Du gibst nur allgemeine oder theoretische Antworten wie »ich denke, dass man …«, »ich finde, es müsste …«, »ich bin sicher, dass …« und so weiter.
- Du sprichst im Konjunktiv: »In so einer Situation würde ich …«, was als Antwort völlig wertlos ist, weil niemand weiß, ob du tatsächlich so handeln würdest, wie du es jetzt sagst.
- Deine Antworten sind gespickt mit vagen oder absoluten Ausdrücken: »alle«, »man«, »immer«, »nie« usw.

**Achte beim Üben deiner Interviewantworten und Abhören deiner Smartphone-Aufnahmen ganz gezielt auf diese Fehler, denn sie sind häufiger, als man denkt, und es braucht einige Übung, bis du dich beim Sprechen selbst ertappst.**

**ISABELLE PFISTER, PSYCHOLOGIN WWW.EASYGENERATION.NET:**

»Während des Studiums bewarb ich mich einmal bei einer Therapiepraxis. Es ging um einen Studentenjob, in dem ich allgemeine Bürotätigkeiten übernehmen sollte. Als das ›Interview‹ mit dem Inhaber begann, saßen wir uns im Therapieraum gegenüber, und er sagte – gar nichts. Wir schwiegen uns ein paar Minuten lang an, bis ich schließlich fragte, ob ich vielleicht mal ein bisschen was über mich erzählen sollte. Nach einer knappen halben Stunde brach der Therapeut das Gespräch ab, weil er meinte, dass wir wohl nicht so richtig zusammenpassen würden. Zu diesem Zeitpunkt war ich bereits der gleichen Meinung.«

# Fragen über Fragen

STAR hin oder her – aber welche Fragentypen gibt es sonst noch? Und welche sind überhaupt zulässig? Das erfährst du jetzt. Letztlich geht es aber nicht nur um die Fragen, die dir gestellt werden, sondern auch um die Fragen, die du im Interview stellen solltest!

Wenn du die STAR-Methode verinnerlicht hast, dann hast du ein gutes Stück gewonnen. Dennoch sind die verhaltensbasierten Fragen nicht die einzigen, die dir im Jobinterview gestellt werden. Wir erklären, wie Recruiter den sogenannten Technical Fit und Motivational Fit abfragen und wie du am besten darauf antworten kannst.

## »TECHNICAL FIT«

Neben den STARs, die ein Interviewer im Lauf des Vorstellungsgesprächs einsammeln möchte, ist er ganz grundsätzlich auf der Suche nach Informationen, die es ihm ermöglichen, so genau wie möglich vorherzusagen, wie sich ein Bewerber in dem Job, den es zu besetzen gilt, verhalten würde und ob er in der Lage wäre, die gewünschte Leistung zu erbringen. Für den Job wurde bereits im Vorfeld des Rekrutierungsprozesses ein Anforderungsprofil definiert, dem ein erfolgreicher Kandidat entsprechen muss.

Alle Anforderungen fallen in eine von drei Kategorien:

1 Fachwissen: Ausbildung, Kompetenz, Befähigung

2 Verhaltensweisen: Kann der Kandidat den Job machen?

3 Motivation: Will der Kandidat den Job machen?

Ziel des Rekrutierungsprozesses ist es, in allen drei Kategorien ausreichend Informationen über den Bewerber zu sammeln, um einschätzen zu können, inwiefern er dem Anforderungsprofil der zu besetzenden Stelle entspricht.

In der Praxis wird der »Technical Fit« ◆ meist schon in der Vorselektion durch den Recruiter überprüft, denn er lässt sich relativ leicht anhand von Schul- und Arbeitszeugnissen, Bescheinigungen, Zertifikaten und ähnlichen Nachweisen belegen. Wer die Grundvoraussetzungen nicht erfüllt, wird kaum zum Jobinterview eingeladen. Daher stellen Interviewer in der Regel wenig Fragen zum »Technical Fit«, es sei denn, die Stelle erfordert ein hohes Maß an sehr spezifischer Fachkompetenz. Wenn du deine Bewerbung und deinen Lebenslauf wahrheitsgemäß zusammengestellt hast, sollte es dir nicht schwerfallen, auf fachliche Fragen zu antworten, weshalb wir an dieser Stelle auch nicht weiter darauf eingehen wollen. Viel interessanter ist ja die Frage, ob der Job überhaupt zu dir passt!

◆ *Technical Fit = Eignung in Bezug auf das Fachwissen*

## »MOTIVATIONAL FIT«

Während also der »Technical Fit« mittels Fragen zum Fachwissen abgedeckt wird und der Interviewer sich ein Bild über deine Verhaltensweisen anhand der STARs machen kann, muss er jetzt noch prüfen, ob du den Job nicht nur machen *kannst*, sondern ihn auch machen *willst*. Leider vergessen schlecht geschulte Interviewer diesen Aspekt allzu häufig, weshalb es umso wichtiger ist, dass du um die Bedeutung dieser Kategorie weißt und notfalls von dir aus darauf zu sprechen kommst, auch wenn du nicht danach gefragt wirst.

Das englische Wort »Fit« bezeichnet in diesem Zusammenhang deine Passung an eine bestimmte Anforderung. Um deinen »Motivational Fit« zu überprüfen, sollten eigentlich drei Dimensionen angesprochen werden:

1 **Job Fit:** Bezieht sich darauf, ob die Aufgaben und Verantwortlichkeiten, die der Job mit sich bringt, für dich persönlich interessant und erfüllend sind.

2 **Organization Fit:** Beschreibt, inwiefern der Arbeitgeber mit seiner Organisationsstruktur und Unternehmenskultur zu dir und deinen Vorlieben passt.

3 **Location Fit:** Bestimmt, ob der geografische Einsatzort der zu besetzenden Stelle dir entgegenkommt.

Um deinen »Motivational Fit« zu beurteilen, werden dir im Interview also Fragen zu deinen Beweggründen gestellt, warum du genau *diesen* Job machen möchtest, warum in *dieser* Firma und ob der Einsatzort, gegebenenfalls unter Berücksichtigung etwaiger Geschäftsreisen, für dich okay ist. Auch auf diese Fragen solltest du vorbereitet sein.

- Warum haben Sie sich entschieden, sich genau für diesen Job zu bewerben?
- Was fasziniert Sie gerade an dieser Tätigkeit?
- Was erhoffen Sie sich persönlich davon, wenn Sie diesen Job bekommen?

- Warum möchten Sie für unser Unternehmen arbeiten?
- Was wissen Sie über unsere Firmenkultur, und wie stehen Sie dazu?
- Was wünschen Sie sich von Ihrem Arbeitgeber?
- Wo sehen Sie sich selbst in zwei / fünf / zehn Jahren?
- Wie Sie wissen, ist der Einsatzort XYZ, und Sie müssten dafür umziehen. Ist das ein Problem für Sie?
- Wie steht Ihre Familie zu einem Umzug nach XYZ?

Es ist etwas völlig anderes, sich diese Dinge nur im Kopf zu überlegen oder sie laut auszusprechen. Deshalb übst du auch für diese Fragen am besten laut oder mit einem Freund, der dir Feedback gibt. Klingen deine Aussagen glaubhaft? Überzeugend? Motiviert? Was könntest du noch besser machen? Auch hier gilt: Nicht schwafeln, sondern zügig zum Punkt kommen. Lange Antworten sind nicht zwangsläufig die besten!

## SCHWIERIGE UND UNZULÄSSIGE FRAGEN

Die meisten Jobinterviews laufen korrekt und professionell ab, aber ab und zu gibt es leider Situationen, in denen man sich fragt, ob der Interviewer jetzt nicht vielleicht ein bisschen zu weit geht.

**INTERVIEW**

### »NOTWEHRRECHT DER LÜGE«

*Interview mit Arbeitsrechtsexperte Orlando Meyer:*

**Muss ich mir als Bewerber alle Fragen gefallen lassen?**

Selbstverständlich nicht. Die Fragen müssen einen Bezug zum potenziellen Job haben (berufliche Eignung respektive Verfügbarkeit). Gehen sie darüber hinaus, stellen sie eine Persönlichkeitsverletzung dar.

**Welche Fragen sind zulässig?**

Von zentraler Bedeutung und damit unproblematisch sind beispielsweise Fragen nach der schulischen Ausbildung und dem beruflichen Werdegang. Diese müssen vom Bewerber wahrheitsgemäß beantwortet werden.

**Wie sieht es mit Berufsbewilligungen aus?**

Auch Fragen nach Führerschein, Lizenzen oder anderen Berufsbewilligungen (beispielsweise Zulassung als Rechtsanwalt) sind legitim; ebenso die Frage, ob der Bewerber ein Konkurrenzverbot beim aktuellen Arbeitgeber eingegangen ist.

**Wie sieht es mit der Frage nach Zivilstand und Kindern aus?**

Das sind zulässige Fragen, da der Arbeitgeber diese Daten als Grundlage für die Abrechnung mit den Sozialversicherungen und Steuerbehörden braucht.

**Welche Fragen sind nicht zulässig?**

Nicht erlaubt sind Datenerhebungen über den Lebenspartner wie auch weitere Aspekte des Privatlebens, zum Beispiel Fragen nach Hobbys und Lebensgewohnheiten.

**Was ist mit der sexuellen und politischen Ausrichtung oder mit der Religionszugehörigkeit?**

Grundsätzlich sind solche Fragen absolut tabu. Ausnahmen können sich aber für sogenannte Tendenzbetriebe ergeben. Dazu zählen kirchliche, erzieherische oder politische Organisationen.

**Fragen bezüglich einer Schwangerschaft?**

Diese dürften in aller Regel unzulässig sein, es sei denn, die Gesundheit der Frau respektive des Ungeborenen wäre durch den konkreten Arbeitseinsatz gefährdet.

**Und nach Krankheiten?**

Derlei Fragen sind nur zulässig, wenn die Erkrankung die Arbeitsfähigkeit konkret einschränken respektive wenn eine Ansteckungsgefahr für die übrigen Mitarbeitenden resultieren würde.

**Wie verhalte ich mich, wenn mir eine unzulässige Frage gestellt wird?**

Grundsätzlich kann die Antwort auf eine unzulässige Frage verweigert werden. Das Dilemma liegt allerdings darin, dass im Normalfall der Bewerber dann keine Chance mehr hat, den in Aussicht gestellten Job zu erhalten. Deshalb spricht man auch vom Notwehrrecht der Lüge. Das ist aber in der Praxis nicht unbestritten.

**Was soll ich also tun?**

Sollte der Interviewer trotz höflichen Hinweises auf seine unerlaubte Frage weiterbohren, würde ich mir die Fragen stellen, ob ich in dieser Firma am richtigen Ort wäre. Schließlich gibt es genügend andere Arbeitgeber, die sich korrekt und entsprechend professionell verhalten.

Aber auch zulässige Fragen können schwierig sein. Wie erklärst du Lücken im Lebenslauf? Was sagst du, wenn dir im letzten Job gekündigt wurde? Oder wie reagierst du, wenn du um eine Referenz gebeten wirst, dein derzeitiger Chef aber noch gar nicht weiß, dass du gehen willst? Wir geben ein paar Tipps zu typischen schwierigen Fragen und wie du sie geschickt beantwortest.

## Was sage ich, wenn …

### … ich meinen letzten Job verloren habe?

Das kommt zwar auf die genauen Umstände an, aber wann immer möglich, solltest du bei der Wahrheit bleiben. Mit offenen Karten zu spielen ist nicht immer einfach, zahlt sich aber langfristig aus. Eine Umstrukturierung lässt sich natürlich leichter erklären, als wenn ein Fehlverhalten oder mangelnde Leistung zu deiner Entlassung geführt haben. Aber die Welt ist zu klein, als dass man noch viel verheimlichen kann, und bevor dein zukünftiger Arbeitgeber später über andere Kanäle die Wahrheit herausfindet, ist es besser, du schenkst ihm von vornherein reinen Wein ein. Lege dir im Voraus eine professionelle Antwort zurecht und übe im Vorfeld, sie selbstbewusst ins Gespräch zu bringen. Zeige dabei auch Einsicht und Selbstreflexion, wenn du teilweise eine Mitschuld hattest, und betone, was du in Zukunft anders machen willst.

### … ich wechseln möchte, weil mein derzeitiger Chef unberechenbar, jähzornig und unausstehlich ist?

Dann ist das völlig legitim, sollte aber von dir ein bisschen anders verpackt werden. Grundsätzlich ist es ein absolutes No-Go, ehemalige Arbeitgeber oder Vorgesetzte im Interview schlechtzumachen a) weil es sich einfach nicht gehört, und b) weil du nie weißt, ob die Person, die dir gegenübersitzt, nicht doch irgendwen bei Firma XY kennt. Daher sollten deine Antworten gleich welcher Art immer politisch korrekt sein. Du kannst zum Beispiel sagen, dass du dich von deinem Vorgesetzten nicht genug unterstützt oder gefördert fühlst, dass du mit dem Arbeitsklima unzufrieden bist oder dass du unter einem anderen Führungsstil dein Potenzial besser entfalten könntest. Mach dich darauf gefasst, dass auf so eine Aussage garantiert weitere Detailfragen folgen, aber dann konzentriere dich in deinen Antworten darauf, welche positiven Elemente du woanders suchst, als auf dem negativen Ist-Zustand herumzureiten.

### … ich in meinem derzeitigen Job gemobbt werde?

Ähnliches gilt auch in diesem Fall. Drücke dich vorsichtig aus, vermeide Schuldzuweisungen oder Verdächtigungen, für die es keine Beweise gibt. Anstatt zu beschreiben, was dir momentan *nicht* gefällt, erkläre lieber, was du suchst und weshalb das für dich wichtig ist. Du kannst zum Beispiel darüber sprechen, dass du dich in deinem Team nicht wohlfühlst und dir von einem Wechsel ein angenehmeres Umfeld erhoffst, in dem du dich und deine Stärken besser einbringen kannst. Auch in diesem Fall wird der Interviewer vermutlich nachhaken, wo das Problem liegt, aber mit ein bisschen Geschick kannst du solche Fragen zu deinem Vorteil beantworten.

**BEISPIEL** *»Ich glaube an die Kraft der Innovation, aber in unserer Organisation sind Veränderungsprozesse langwierig und bürokratisch. Gern würde ich mich woanders für mehr Innovation einsetzen ...«*

*»Das Team, in dem ich derzeit arbeite, besteht eher aus Einzelkämpfern, die kaum richtig zusammenarbeiten, sondern sich eher gegenseitig Konkurrenz machen. Ich würde mich wohler fühlen, wenn ich Teil eines Teams wäre, in dem alle an einem Strang ziehen und Ziele gemeinsam umgesetzt werden ...«*

### ... ich meinen letzten Job selbst gekündigt habe und seitdem erwerbslos bin?

Dann hattest du sicher einen guten Grund dafür, und den kannst du wahrheitsgemäß angeben. Hast du die Zeit seit der Kündigung genutzt, um dich weiterzubilden? Hast du im Familienbetrieb ausgeholfen oder einen Menschen in deinem Umfeld betreut? Bist du auf Weltreise gegangen oder hast du eine Familie gegründet? Oder brauchtest du einfach mal eine persönliche Auszeit? Egal, was du in der Zwischenzeit gemacht hast, es lässt sich fast alles hübsch verpacken und sinnvoll darstellen. Im Notfall erklärst du, dass du die Zeit für dich brauchtest, um deine Batterien aufzuladen, dich zu orientieren und deinem Leben eine neue Richtung zu geben. Das geht eigentlich immer und löst in der Regel eher Neid als Missfallen aus.

### ... ich länger oder mehrmals arbeitslos war und deshalb Lücken im Lebenslauf habe?

Auch hier gilt: Bleib bei der Wahrheit und überlege, was du anführen kannst, um zu zeigen, dass du die Zeit zwischen den Jobs sinnvoll genutzt hast. Gibt es irgendetwas, das dich eventuell beruflich weitergebracht hat in der Zeit? Die Pflege von Netzwerkkontakten, ehrenamtliche Tätigkeiten, irgendwelche Kurse, Reisen ... *irgendetwas*, das dir zusätzliches Wissen eingebracht, deine Fähigkeiten verbessert oder dein Profil geschärft hat? Dann unbedingt den Fokus auf diese positiven Elemente legen, anstatt zu lamentieren, wie schwierig und aussichtslos die Jobsuche war.

### ... ich immerzu Pech hatte und alle meine bisherigen Jobs nur von kurzer Dauer waren?

Sogenannte Job Hopper sind in der Tat bei Recruitern nicht sehr beliebt, schürt ein derartiger Lebenslauf doch die Angst, dass der Kandidat auch ihr Unternehmen bald schon wieder verlassen könnte. Das ist für den Arbeitgeber eine teure Angelegenheit, und deshalb ist es besonders wichtig, diese Sorge im Vorstellungsgespräch zu entkräften. Berichte, warum deine bisherigen Jobs nicht lange andauerten und was zum Ende der jeweiligen Zusammenarbeit geführt hat. Meistens gibt es dafür ganz normale Erklärungen – Restrukturierung, Fusion, befristeter Arbeitsvertrag, Umzug –, und die solltest du im Gespräch erläutern. Die Tatsache, dass du trotz wechselhaftem Lebenslauf überhaupt zum Interview eingeladen wurdest, zeigt, dass die Firma ein gesteigertes Interesse an dir hat. Überzeuge sie davon, dass das auf Gegenseitigkeit beruht. Und wenn du nicht zu Vorstellungsgesprächen eingeladen wirst und vermutest, das könnte an deinem sprunghaften Lebenslauf liegen, dann ergänze bereits auf deinem CV, warum welcher Job zu Ende ging. Sind die Begründungen und Erklärungen einleuchtend, wirst du auch eher als ernst zu nehmender Kandidat gehandelt und vielleicht doch zum Gespräch eingeladen.

### ... ich nach einer Referenz von meinem Arbeitgeber gefragt werde, der aber noch gar nicht weiß, dass ich mich woanders bewerbe?

Das ist eine heikle Situation, denn wenn du jetzt zugibst, dass dein Chef noch nichts von deinen Plänen weiß, fragt sich der Interviewer vielleicht, ob du sein Unternehmen später auch klammheimlich verlassen wirst und wie offen und ehrlich du insgesamt bist. An dieser Stelle musst du entscheiden, ob es an der Zeit ist, deinen aktuellen Vorgesetzten in Kenntnis zu setzen, oder ob du vielleicht stattdessen eine andere aussagekräftige Referenz anbieten kannst. Egal, wofür du dich entscheidest, du solltest in der Lage sein, deine Situation zu erklären, *warum* willst du deinen Chef noch nicht einweihen, warum hast du so lange gezögert oder wann willst du deinem Arbeitgeber die Wahrheit sagen? Wenn deine Erklärungen plausibel sind, kannst du auf Verständnis hoffen.

## Absurde Interviewfragen

Dann gibt es natürlich auch noch die Kategorie der Interviewfragen, die man nur als absurd und kurios bezeichnen kann. Was dein Sternzeichen ist oder welches Tier du gerne wärst, kannst du zwar noch leicht beantworten, wenn du willst, aber folgende Fragen grenzen an skurilen Unsinn:

- Wie viele Stunden braucht ein Hund, um von München nach Berlin zu laufen, wenn er eine Dose an seinem Schwanz trägt?
- Was ist das Gewicht von Manhattan in Tonnen?
- Was würden Sie tun, wenn genau jetzt ein Löwe in diesen Raum käme?

Diese oder ähnliche Fragen sind laut einem LinkedIn-Artikel in echten Interviews gestellt worden, und man kann den Kandidaten nur wünschen, dass sie genug Humor und Fantasie hatten, um kreativ und schlagfertig darauf zu antworten. Wenn dir das in einem Vorstellungsgespräch passiert, gilt: Ruhe bewahren und nicht aus dem Konzept bringen lassen. Sehr wahrscheinlich geht es dem Recruiter vielmehr um deine Reaktion auf eine unerwartete Situation als eine ernsthafte Antwort. Wenn du die Nerven behältst und es dir gelingt, spontan eine kluge, witzige oder überraschende Antwort zu geben, hast du bestmöglich gepunktet.

**JAN THOMAS OTTE, WWW.KARRIERE-EINSICHTEN.DE:** »Brainteaser, die mir in Jobinterviews – auch am Telefon – gestellt wurden, waren zum Beispiel: Wie viele Golfbälle passen in einen Bus? Wie viele EC-Karten gibt es in Deutschland? Wirklich gezielt vorbereiten kann man sich auf solche Fragen kaum, allerdings gibt es Bücher speziell zum Üben von kniffligen Fragen oder Logikaufgaben. Das kann schon hilfreich sein.«

»Sie möchten
also
in der
Finanzabteilung
arbeiten.

Dann erzählen
Sie mal,
wie würden Sie
einen
Dinosaurier
bewerten?«

## Fragen, die du stellen solltest

Genug zu den Fragen, die dir gestellt werden. Spätestens zum Ende eines jeden Interviews wird dein Gesprächspartner *dir* die Möglichkeit geben, ihm Fragen zu stellen, und du solltest auf jeden Fall ein paar gute Fragen parat haben. Hier findest du eine Liste von intelligenten Beispielfragen, die du je nach Unternehmen, Job und Situation verwenden kannst:

- Warum wird die Stelle neu besetzt?
- Wir groß ist das Team, und wie ist die organisatorische Einordnung?
- Wer sind die wichtigsten internen/externen Kunden, und welche Erwartungen haben sie an den Stelleninhaber?
- Was sind die besonderen Herausforderungen dieser Position?
- Wie würde die Einarbeitung aussehen?
- Welche Unternehmensziele sollen in Zukunft erreicht werden, und wie trägt diese Abteilung/diese Position dazu bei?
- Ich habe in den Medien gelesen, dass … (Info zur Firma, Branche oder Konkurrenz). Wie planen Sie das umzusetzen? Wie werden Sie damit umgehen/darauf reagieren?
- Angenommen, ich bekomme die Stelle, wie kann ich mich idealerweise auf den Arbeitsbeginn vorbereiten?
- Wenn ich die Stelle bekomme, worauf sollte ich mich Ihrer Meinung nach in den ersten zwei bis drei Monaten fokussieren?
- Wie sieht der Leistungsbeurteilungsprozess in der Organisation aus beziehungsweise wie wird Erfolg gemessen?
- Welche Tipps können Sie mir noch geben, um in dieser Position/in diesem Unternehmen erfolgreich zu sein?
- Wie würden Sie Ihre Unternehmenskultur beschreiben?

- Wie international ist Ihr Unternehme/die Position ausgerichtet?
- Welche Aufstiegschancen oder Weiterbildungsmöglichkeiten bietet die Stelle?
- Bieten Sie flexible Arbeitsmodelle?

Grundsätzlich kannst du natürlich alles fragen, was dir am Herzen liegt. Denk daran, dass ein Jobinterview ein Dialog ist: Genauso, wie der Interviewer deine Eignung für den Job überprüft, checkst du den Arbeitgeber und ob er zu dir und deinen Vorstellungen passt! Fragen nach Gleitzeit, Urlaubstagen oder der ersten Beförderung solltest du allerdings erst am Schluss stellen, nachdem du mit anderen - inhaltlich relevanten - Fragen dein Interesse an Unternehmen und Position bekräftigt und deine Leistungsbereitschaft signalisiert hast.

## Aktives Zuhören

Mindestens genauso wichtig wie das Fragenstellen ist aber auch das richtige Zuhören, und zwar während des gesamten Interviews. Aktiv zuzuhören bedeutet, deinem Gesprächspartner das wertvolle Geschenk deiner ungeteilten Aufmerksamkeit zu machen. Das heißt, du vermittelst ihm durch deine verbale und nonverbale Kommunkation das Gefühl, dass es momentan nichs Wichtigeres auf der Welt gibt als euer Gespräch. Du denkst mit, zeigst Interesse, fragst nach. Um Unklarheiten auszuräumen, kannst du auch Gehörtes zusammenfassen oder paraphrasieren (also mit deinen eigenen Worten wiederholen). Aktives Zuhören bedeutet, echte Anteilnahme und Einfühlungsvermögen zu zeigen. Unterschätze niemals den positiven Eindruck des richtigen Zuhörens!

# Über Geld redet man doch!

Am Ende eines Interviews kommt man meist auf die Formalien zu sprechen. Dazu gehört auch die Frage nach dem Gehalt: »Wie sehen denn Ihre Gehaltsvorstellungen aus?«

In der Regel werden diese »formalen« Fragen von einem Personaler oder Recruiter gestellt. Dazu gehören neben der berühmt-berüchtigten Gehaltsfrage auch Fragen nach deiner Verfügbarkeit (»Wann könnten Sie bei uns anfangen?«), gegebenfalls nach Referenzen, nach Arbeitserlaubnis/Visum. Doch nun geht es erst mal ums Gehalt.

**INTERVIEW**

## DER GEHALTS-KNIGGE

*Auf die Frage nach deinem Gehaltswunsch hast du dich natürlich schon im Rahmen deiner Recherche vorbereitet (siehe Kapitel 2: Entscheider im Visier). Wie du jetzt konkret darauf antwortest, erklärt Christoph Weissenböck von www.karriere.at.*

### Soll man lieber zu hoch oder zu niedrig pokern?

Wenn man schon vom Pokern spricht: Man sollte vor allem den eigenen Marktwert und seine Chancen realistisch einschätzen. Dabei ist eine sorgfältige Vorabrecherche immer hilfreich. Denn bei einem Gehaltsgespräch – auch im Jobinterview – spielen viele Faktoren eine Rolle: Wie ist meine persönliche Qualifikation? Handelt es sich beim (potenziellen) Arbeitgeber um einen Großkonzern oder einen Familienbetrieb? Wie ist das Gehaltsniveau in meinem Tätigkeitsfeld generell? Dass man sich als Arbeitnehmer bei einem Jobwechsel auch finanziell verbessern möchte, weiß in der Regel auch der Personaler, dem man gegenübersitzt. Da dieser über marktübliche Gehälter meist Bescheid weiß, sollte man eher auf der realistischen Seite bleiben, wenn man seine Jobchancen wahren möchte.

**Beziehen sich die Gehaltsangaben im Jobinterview auf das Brutto- oder Nettogehalt? Sollte man das gewünschte Gehalt pro Monat oder auf das ganze Jahr gerechnet angeben?**

In der Regel spricht man in Gehaltsgesprächen von Bruttowerten, gerechnet auf die Zeitspanne eines Monats. Gerade Berufseinsteiger sollten sich in dieser Hinsicht vor den ersten Verhandlungen oder dem Einstellungsgespräch gut vorbereiten: Für sich selbst eine Spanne (Minimalgehalt, realistisches Gehalt, Optimalfall) definieren und für diese drei Werte sowohl Brutto- als auch Nettowerte beziehungsweise die dazugehörigen Jahresgehälter kennen. So ist man für alle Eventualitäten gerüstet und mit seinem Gegenüber auf Augenhöhe. Brutto-Netto-Rechner, die auch das Jahresgehalt ausweisen, bieten unter anderem seriöse Online-Jobbörsen oder staatliche Stellen.

**Sollte man lieber eine genaue Zahl oder eine Spanne nennen?**

Das hängt von der Einschätzung der Situation ab. Natürlich ist klar, dass das Gegenüber in vielen Fällen den Minimalwert als Referenzwert sehen wird, man selbst aber wahrscheinlich eher das obere Ende der Spanne. Wenn man Spannen angibt und dann mit der Gehaltsuntergrenze vorlieb nehmen muss, sollte man auch ansprechen, welcher Zeitraum realistisch ist, um seine Gehaltssituation zu verbessern.

**Wie viel sollte ich bei meiner Forderung draufschlagen, wenn ich schon einen bezahlten Job habe?**

Das hängt von der Qualifikation, aber auch von der Branche beziehungsweise der temporären Nachfrage des eigenen Profils am Arbeitsmarkt ab. Gehaltssprünge von 10 Prozent bei Jobwechseln sind jedenfalls als realistisch zu sehen.

**Was tun, wenn mich der Personaler direkt nach meinem jetzigen Gehalt fragt?**

Auf diese Frage sollte man auf alle Fälle vorbereitet sein. Auch hier hilft eine gute Vorbereitung beziehungsweise eine argumentative Untermauerung, die den eigenen Gehaltswunsch stützt. Zum Beispiel: »Mein bisheriges Grundgehalt lag brutto bei 2500 Euro, ich habe aber bis jetzt pro Monat xy Überstunden ausbezahlt bekommen und erhielt leistungsbezogene Boni. Da diese bei der ausgeschriebenen Position mit einem All-in-Vertrag nicht vorgesehen sind, habe ich folgenden Gehaltswunsch …«

**Wie berücksichtige ich zusätzliche Arbeitgeberleistungen bei meinen Gehaltsforderungen?**

Das kommt ganz darauf an, was der Arbeitgeber bietet: Ein Firmenhandy, das ich auch privat nutzen kann, wirkt sich definitiv positiv auf das eigene Konto aus. Über solche Themen kann man berechtigterweise sprechen. Wenn versucht wird, einen realistischen Gehaltswunsch mit Gratis-Schokolade nach unten zu verhandeln, muss man sich als Kandidat schon überlegen, wie wichtig einem Süßigkeiten sind.

**Wenn der Interviewer das Thema Gehalt nicht anschneidet, soll ich das dann von mir aus machen? Wenn ja, wann im Gespräch ist der richtige Zeitpunkt dafür?**

Das ist abhängig von der Gesprächssituation. Es sollte jedenfalls nicht erst angesprochen werden, wenn der Personaler bereits mit einem Fuß aus der Tür ist, sondern rechtzeitig: Im Idealfall im letzten Gesprächsdrittel, wenn es bereits eine Basis zwischen den Gesprächspartnern gibt. Mit eher unangenehmen Themen – und dazu zählt Geld ja meist – lässt sich nur schwer ein angenehmes Klima erzeugen.

**Wie steigere ich meine Chancen auf eine erfolgreiche Gehaltsverhandlung?**

Mit guter Vorbereitung! Wer sich von der Gehaltsfrage im Bewerbungsgespräch überrumpeln lässt, hat automatisch die schlechteren Karten. Und wer ausreichend vorbereitet ist, bleibt in der Regel ruhiger, argumentiert sachlicher und bewahrt in heiklen Situationen meist den Überblick. Es lohnt sich außerdem immer, sich eine Strategie für dieses Thema zurechtzulegen. Bei Arbeitnehmern, die schon länger im Job arbeiten, können das berufliche Erfolge im letzten Jahr sein oder außerordentliche Leistungen, mit denen man seinen Gehaltswunsch argumentiert. Bei Vorstellungsgesprächen lohnt es sich, sich zumindest mit dem Gehaltsniveau in der angestrebten Branche auseinanderzusetzen, um zu wissen, wo man sich selbst einordnen kann.

**Was sind absolute No-Gos beziehungsweise Kardinalfehler bei der Gehaltsverhandlung?**

Genau das Gegenteil zu machen: keine Vorbereitung! Wer seine eigene Leistung selbst nicht gut verkaufen kann, gibt dem Gegenüber auch keinen Grund, das Salär dafür hoch anzusetzen. Ein weiterer Fehler, der auch oft aus mangelhafter Auseinandersetzung mit dem Thema entsteht, ist, eine unrealistisch hohe Gehaltsforderung zu stellen. Wer ernsthaft in einer Branche arbeiten möchte, sollte auch die Rahmenbedingungen einigermaßen realistisch einschätzen können.

# TOTAL REWARDS PACKAGES – ÄH, BITTE WAS?

Besonders größere Unternehmen sprechen im Lauf der Gehaltsverhandlungen gerne vom »Total Rewards Package« ◆, das sie neuen Mitarbeitern anbieten. Damit du dich im Entgelt-Dschungel zurechtfindest, hier eine kleine Übersicht. Weiterführende Informationen und die aktuelle Gesetzgebung findest du im Internet.

◆ *Total Rewards Package = die Gesamtheit aller Vergütungsbestandteile, die zur Verfügung stehen.*

**GRUNDVERGÜTUNG** ist das Arbeitsentgelt aus unselbstständiger Arbeit, also dein Lohn oder Gehalt, und wird in Gehaltsverhandlungen in der Regel als Brutto-Betrag angegeben.

**Eine Erklärung zum Unterschied zwischen Lohn und Gehalt findest du auf: http://www.absolventa.de/karriereguide/arbeitsentgelt/lohn**

**ZULAGEN** sind immer steuer- und beitragspflichtig, der Anspruch ergibt sich aus einer tarifvertraglichen Regelung, einer Betriebsvereinbarung oder aus dem Arbeitsvertrag; Beispiele: Erschwernis-, Leistungs- und Sozialzulagen.

**ZUSCHLÄGE** sind in bestimmten Grenzen steuer- und beitragsfrei, sie werden für besondere Leistungen oder Belastungen des Arbeitnehmers gezahlt; Beispiele: Zuschläge für Überstunden, Sonntags-, Feiertags- oder Nachtarbeit.

**SACHBEZÜGE** sind geldwerte Zusatzleistungen, also im Prinzip Dinge, die dein Arbeitgeber für dich bezahlt, ohne dass du das Geld dafür siehst; Beispiele: Smartphone, Tankgutscheine, Essenschecks, Kinderbetreuung, Dienstwagen bei Privatnutzung und vieles mehr.

**SONDERVERGÜTUNGEN MIT ENTGELTCHARAKTER** sind Prämien beziehungsweise Gratifikationen, die der Arbeitgeber aus bestimmten Anlässen zusätzlich zum regulären Entgelt auszahlt (»Einmalzahlungen«); Beispiele: Weihnachtsgeld, ein dreizehntes Gehalt oder Urlaubsgeld.

**HÄUFIGE ANDERE VERGÜTUNGSBESTANDTEILE** dazu zählen vermögenswirksame Leistungen, die betriebliche Altersversorgung, Boni als variable Entgeltbestandteile (oft bei leitenden Angestellten) oder zinsverbilligte Arbeitgeberdarlehen.

**BETEILIGUNG AN DER UNTERNEHMENSWERTENTWICKLUNG** auch das kann Entgelt sein, beispielsweise in Form von Belegschaftsaktien, Genussrechten, Gewinnanteilen, Investivlohn oder Stock Options.

»Mehr Netto vom Brutto« – damit wirbt die Gesellschaft für Lohn- und Gehaltsoptimierung auf ihrem Kundenportal. Tatsächlich kannst du als Arbeitnehmer dein Einkommen deutlich erhöhen, wenn dein Arbeitgeber zusätzlich zum Gehalt auch Sachleistungen als festen Bestandteil der Vergütung anbietet. Das Unternehmen spart Lohn- und Lohnnebenkosten und kann durch eine geschickte Gestaltung zusätzlicher Anreize eine deutlich bessere Mitarbeiterbindung und -motivation erzielen. Dein Vorteil ist, dass weder Abzüge, Steuern noch die Inflation diese Sachleistungen auffressen. Von daher ist es mitunter ratsam, dir zu überlegen, ob du statt höherem Gehalt nicht lieber ganz oder zumindest teilweise nach sogenannten geldwerten Zusatzleistungen fragen möchtest, wenn es um deine Gehaltsvorstellungen geht.

**Nicht nur Bares ist Wahres**

Zu den häufigsten Sachleistungen zählen Tankgutscheine, Abos für öffentliche Verkehrsmittel oder Essenschecks. Auf diese Weise lassen sich monatlich zwischen 40 Euro (für Tankgutscheine) und 90 Euro (für Essenschecks) abgabefrei dazuverdienen. Um aufs gleiche Netto-Plus zu kommen, müsstest du je nach Steuerklasse schon 100 bis 180 Euro brutto mehr verdienen. Auch Zuschüsse zur Kinderbetreuung, Weiterbildung oder gesundheitsfördernde Maßnahmen erlaubt der Gesetzgeber, Letztere sogar jährlich bis zu 500 Euro. Zwar ist die Mitgliedschaft im Fitnessstudio davon leider ausgenommen, aber Anti-Stress- oder Burn-out-Trainings und Entspannungskurse haben auch etwas für sich.

Äußerst beliebt bei Arbeitnehmern ist natürlich die Überlassung von Computern, Laptops, Druckern, Tablets oder Smartphones für den privaten Gebrauch. Allerdings sind Unternehmen oft nicht mit den neuesten Geräten ausgestattet, erkundige dich also vorher, um was für Hard- oder Software es sich handelt, bevor du dich zu früh freust. Immerhin kannst du pauschal bis zu 50 Euro im Monat für deine privaten Internetgebühren ohne Nachweis aushandeln.

Ebenfalls interessant können Rabattfreibeträge für unentgeltliche oder verbilligte Sachbezüge sein, die dir jährlich in einer Höhe von 1 080 Euro steuerfrei zur Verfügung stehen. Damit sind Waren oder Dienstleistungen gemeint, die von deinem Arbeitgeber am Markt angeboten werden, also zum Beispiel vergünstigte Flüge für Mitarbeiter von Luftfahrtgesellschaften, Neuwagen für Mitarbeiter eines Autoherstellers oder Mitarbeiterrabatte auf Kaufhausware. Aber Achtung: Übersteigt der finanzielle Gegenwert des Mitarbeiterrabatts den Rabattfreibetrag, muss die darüber hinausgehende Summe versteuert werden!

Die Krönung geldwerter Vorteile sind natürlich der Dienstwagen oder auch Aktienpakete beziehungsweise Aktienbezugsrechte. Allerdings ist die Ausgestaltung dieser Sachleistungen vom Gesetzgeber streng geregelt und relativ komplex. Je nach deiner persönlichen Situation können diese Optionen für dich mehr oder weniger attraktiv sein. Es empfiehlt sich, dich grundlegend zu informieren, wenn derartige Möglichkeiten im Rahmen der Gehaltsverhandlung angeboten werden.

Es ist also nicht alles Gold, was glänzt, aber es ist definitiv eine Überlegung wert. Besonders in kleineren Betrieben, die oft keine hohen Gehälter zahlen können, vergrößern geldwerte Vorteile in der Regel den Verhandlungsspielraum.

# Der krönende Abschluss

Der Abschluss deines Vorstellungsgesprächs ist mindestens genauso wichtig wie der Einstieg. Schließlich ist es der Teil, der deinem Gesprächspartner am ehesten in Erinnerung bleibt. Wenn du es schaffst, am Ende noch einmal richtig zu punkten, hast du deine Chancen auf eine positive Rückmeldung erhöht. Wie das geht, erfährst du hier.

Kurz vor dem Abschied hast du das letzte Mal die Gelegenheit, die Bühne für dich einzunehmen und den Interviewer zu beeindrucken, um in guter Erinnerung zu bleiben. Eine besonders geeignete Abschlussfrage deinerseits ist zum Beispiel: »Wann darf ich mit einer Rückmeldung rechnen?« Sie unterstreicht deine Fähigkeit zum Zeitmanagement und deine Motivation für den Job.

Auch eine exzellente Möglichkeit, dein Interesse zu bekräftigen und dein Arbeitsangebot zu bestätigen, ist eine abschließende Zusammenfassung. Dabei geht es nicht darum, noch einmal groß auszuholen und das Interview wieder aufleben zu lassen, sondern vielmehr darum, ein kurzes Statement abzugeben als Beweis, dass du aktiv zugehört und das Gespräch gedanklich begleitet hast. Dafür eignet sich zum Beispiel die Floskel: »Vielen Dank, dass Sie sich heute Zeit für mich genommen haben. Mich hat besonders beeindruckt, dass …«, und an dieser Stelle hebst du dann einen ganz bestimmten Motivationsfaktor aus dem Gespräch hervor. Das ist kein Einschleimen, sondern fachlich, sachlich und gleichzeitig eine nette authentische und persönliche Abschlussformulierung.

**Dein Schlussplädoyer**

Letztlich ist es noch wichtig, dem Recruiter einen Hinweis zu geben, wann und wie er dich am besten in den kommenden

Wochen erreichen kann. Das ist besonders dann relevant, wenn du in absehbarer Zeit vorübergehend abwesend oder schlecht zu erreichen sein wirst. Das solltest du auf jeden Fall an dieser Stelle erwähnen und mit dem Recruiter vereinbaren, wie er mit dir Kontakt aufnehmen oder wer gegebenenfalls eine Nachricht weiterleiten kann.

## DER ABSCHIED

Auch beim Abschied gilt eine Distanzzone von ein bis zwei Metern als angemessen. Sollte es sich im Stehen ergeben, dass du noch eine weitere Frage stellst, weiche dabei keinen Schritt zurück. Das vermittelt Angst und Unsicherheit. Stattdessen bleib stehen oder mache sogar einen kleinen Schritt vorwärts.

Eine ausgestreckte Hand ist bei der Verabschiedung genauso fehl am Platz wie bei der Begrüßung. Warte, ob dir die Hand angeboten wird. Wenn nicht, dann nickst du einfach kurz zum Abschied, bevor du zügig den Raum verlässt.

Ob du die Tür hinter dir schließen solltest oder nicht, hängt davon ab, wie du sie beim Eintreten vorgefunden hast. Entweder hältst du dich an diese Faustregel oder du fragst höflich, ob du die Tür offen lassen oder lieber schließen sollst.

Auch beim Abschied zählen gute Manieren und nonverbale Kommunikation. Halte den Augenkontakt bis zum Schluss, lächle deinen Gesprächspartner noch einmal freundlich an und verabschiede dich angemessen (»Einen schönen Tag noch«). Behalte deine Mimik und Körpersprache im Griff, solange du dich noch auf dem Firmengelände aufhältst. Direkt nach dem Gespräch in eine schluffige Körperhaltung zusammenzufallen ist genauso wenig hilfreich, wie dich im Anschluss ans Interview anderen Mitarbeitern gegenüber unfreundlich, arrogant oder ignorant zu verhalten. Du stehst unter Beobachtung, bis du dich sprichwörtlich weit genug aus dem Staub gemacht hast!

# DIE PEINLICHSTEN FEHLER UND WIE DU SIE VERMEIDEST

Immer wieder kommt es vor, dass ein Bewerber aus dem Jobinterview kommt und denkt: »Das lief jetzt aber richtig gut, den Job habe ich so gut wie sicher!«. Umso überraschender und frustrierender ist dann die Absage. Sie erscheint geradezu unerklärlich. Auf Nachfrage heißt es dann auch nur pauschal, dass es andere Kandidaten gab, die dem Anforderungsprofil noch besser entsprochen haben. Das ist aber oft nur die halbe Wahrheit. Deshalb haben wir in diesem Kapitel noch einmal viele typische Kandidatenfehler - sozusagen im Schnelldurchlauf - zusammengefasst. Tatsächlich liegt die Absage meist an dir als Kandidat und an einer Kleinigkeit, die dich - manchmal schon gleich zu Anfang - aus dem Rennen geschossen hat. Dabei kann es sich um eine unbedachte Äußerung handeln, einen misslungenen Witz, ein bestimmtes Auftreten oder Äußeres, das Nichteinhalten einer Etikette oder auch die Tatsache, dass du entweder zu viel oder zu wenig geredet und es nicht bemerkt hast. Damit dir das nicht passiert, hat Dirk Siefken, Head of Human Resources bei Wolffkran, diverse typische Fehler zusammengetragen und gibt Tipps, wie man sie vermeidet:

**ZU SPÄT KOMMEN** Es kommt immer wieder vor, dass Bewerber zu spät zu ihrem Vorstellungsgespräch kommen. Dies ist besonders ärgerlich, denn es handelt sich um einen leicht vermeidbaren Fehler. Pünktliches Erscheinen ist hier zwingend notwendig, allein schon, um deinen Stresslevel nicht unnötig in die Höhe zu treiben.

**ZU FRÜH AUFTAUCHEN** Beinahe genauso fatal ist es aber auch, wenn du *viel zu früh* zum Interview erscheinst. Damit ziehst du den Stress zwar nicht dir zu, aber viel schlimmer noch, du stresst deinen Interviewer, der sich plötzlich um einen Gast kümmern muss, mit dem er noch gar nicht gerechnet hat. Je nach Firmengröße und Örtlichkeit gibt es vielleicht keinen Warteraum, wo du dich aufhalten kannst, bis du dran bist. Wenn dein Gesprächspartner dann nicht mal mehr Zeit hat, sein Telefonat zu beenden, sich noch mal schnell Deo unter die Achseln zu sprühen oder das Make-up aufzufrischen, bevor du die Privatsphäre seines Büros zerstörst, ist das für keinen von euch angenehm. Deshalb ist es besser, nicht mehr als maximal 15 Minuten vor deinem Interviewtermin anzukommen.

**ANSPRECHPARTNER VERGESSEN** Wenn du zu einem Jobinterview eingeladen wirst, dann solltest du unbedingt wissen, in welcher Abteilung und mit wem du dein Vorstellungsgespräch hast. In kleineren Firmen mag das schnell herauszufinden sein, aber sollte die Firma größer sein, so ist es sehr ärgerlich, wenn die Rezeptionistin sich erst einmal durch alle Abteilungen durchtelefonieren muss, um den richtigen Ansprechpartner für dich ausfindig zu machen. Dabei geht unnötig Interviewzeit verloren, und es zeigt außerdem, dass du nicht richtig auf das Gespräch und dein Gegenüber vorbereitet bist. Daher unbedingt die Einladung zum Vorstellungsgespräch dabeihaben, auch wenn es sich um eine ausgedruckte E-Mail handelt.

**DAS ÄUSSERE VERNACHLÄSSIGEN** Es ist nicht unbedingt erforderlich, dass du einen Anzug mit Krawatte oder ein Kostüm tragen musst. Dies hängt sehr von der Stelle und der Firma ab, auf die du dich bewirbst (Stichwort Bewerbung als Kundenberater bei einer Bank oder als Monteur in einer Produktionsfirma). Es ist sicherlich gleichermaßen unangenehm, entweder völlig over- oder underdressed zum Jobinterview zu erscheinen. Aber unabhängig davon, ob du im Anzug kommst oder dich eher leger kleidest, solltest du auf ein gepflegtes Äußeres achten.

**COOL SEIN MIT BENEHMEN VERWECHSELN** Junge Bewerber versuchen oft, ihre Nervosität zu verstecken, indem sie betont lässig erscheinen, um nach außen hin cool zu wirken. Das versuchen sie dann damit zu zeigen, dass sie Kaugummi kauen oder sich in den Stuhl fläzen und dann nicht mal aufstehen, wenn der Interviewer den Raum betritt. Achtung: Cool zu sein ist nicht mit gutem Benehmen zu verwechseln! Kaugummi kauen während des Bewerbungsgesprächs ist ein No-Go, und Nichtaufstehen, um die Gegenseite zu begrüßen, lässt eher auf eine schlechte Kinderstube schließen, als dass es cool wirkt. Genauso wenig gehört es sich, auf einem Stuhl Platz zu nehmen, bevor man hierzu aufgefordert worden ist, oder seinem Gesprächspartner beim Reden ins Wort zu fallen.

**UNGESCHICKTE FRAGEN NACH REISEKOSTEN UND GEHALT** Du solltest das Gespräch nie damit beginnen zu fragen, ob die Anfahrtskosten erstattet werden und wie du dein Geld bekommst. Dies wird den Interviewer eher brüskieren, und du landest ganz schnell in einer Schublade, aus der du nur sehr schwer wieder herauskommst. Die Frage, ob Reisekosten erstattet werden, ist zwar völlig legitim, sollte aber entweder im Vorfeld geklärt werden oder ganz zum Schluss des Gesprächs - niemals am Anfang. Das Gleiche gilt für Fragen nach dem Gehalt. Als Kandidat solltest du nie von dir aus im ersten Gespräch auf das Gehalt zu sprechen kommen. Stattdessen wirst du vom Personaler nach deinem jetzigen Gehalt oder nach deinem Gehaltswunsch gefragt. Im letzteren Fall solltest du dir vorab Gedanken gemacht haben, welche Summe an dieser Stelle angebracht ist, und in der Lage sein, den Betrag gegebenenfalls auch zu begründen.

**UNINFORMIERT SEIN** Es lässt sich leider immer wieder feststellen, dass Bewerber sich nicht über das Produkt oder die Firma, bei der sie sich vorstellen, informiert haben. Dies geschieht entweder aus Gründen der Nachlässigkeit oder weil man zu viele Bewerbungen versandt hat. In jedem Fall ist es sehr bedauerlich, denn heutzutage ist es so einfach, sich per Internet die gewünschten Informationen zu beschaffen. Machst du das nicht, zeigst du Desinteresse und solltest dich nicht wundern, wenn das Vorstellungsgespräch dementsprechend recht schnell beendet wird oder die Antwort später negativ ausfällt.

**DEN EIGENEN LEBENSLAUF NICHT KENNEN** Völlig unpassend ist es, wenn du deinen Lebenslauf vor- beziehungsweise abliest. Das lässt darauf schließen, dass du ihn entweder nicht selbst verfasst hast oder dass der eigene CV nicht den Tatsachen entspricht. An dieser Stelle ist ein freier Vortrag zwingend notwendig, und du solltest in der Lage sein, deine eigenen Daten auch korrekt zu benennen.

**UNANGEBRACHTER HUMOR** Bewerbungsgespräche finden oft in entspannter Runde und lockerer Atmosphäre statt, und es wird manchmal dabei auch herzhaft gelacht. Völlig unangebracht ist es jedoch, wenn du als Bewerber mit flotten Sprüchen oder gar derbem Humor versuchst, die Atmosphäre aufzuheitern. Sprüche wie »Ihre Rezeptionistin wird aber auch keinen Schönheitswettbewerb gewinnen!« sind unanständig, deplatziert und bedeuten das sofortige Aus.

**MANGELNDER RESPEKT DEM AKTUELLEN ARBEITGEBER GEGENÜBER** Genauso wenig, wie du flotte Sprüche reißen solltest, solltest du über die Firma, bei der du angestellt bist, oder auch über deine aktuellen Kollegen oder Vorgesetzten schimpfen. Du kannst dem Interviewer durchaus sagen, warum es dir dort nicht mehr gefällt, das muss aber wohldosiert und diplomatisch geschehen.

**UNÜBERLEGTE KRITIK** In diesem Zusammenhang sollte man auch Zurückhaltung gegenüber der Firma üben, bei der man sich gerade vorstellt. Direktheit und Offenheit sind wichtig, finden ihre Grenze aber spätestens dann, wenn unüberlegt Kritik geäußert wird. »Ihr Internetauftritt ist aber schlecht geraten« oder »Die Ausrüstung hier entspricht auch nicht mehr dem neuesten Standard« sind Kritikpunkte, die von keinem Interviewer positiv aufgenommen werden. Als Unternehmen weiß man selber, wo es hakt und was nicht so gut läuft. Man muss sich diese Dinge aber nicht von einem Bewerber nachdrücklich aufzeigen lassen und ist dann eher geneigt, sich die Frage zu stellen, warum der Kandidat sich überhaupt beworben hat.

**ZU VIEL ODER ZU WENIG REDEN** »Soll ich lieber mehr oder weniger reden, was ist hier das beste Maß?« Die Frage nach dem eigenen Redeanteil ist immer schwierig zu beantworten, denn was angemessen ist und positiv aufgenommen wird, kommt auch sehr auf den Stil des Interviewers an. Weder eine allzu große Schüchternheit noch ein übertriebenes Selbstbewusstsein sind hier gefragt. Allerdings ist es für den Recruiter extrem frustrierend, wenn du als Kandidat so gut wie gar nicht redest und immer nur mit »ja« und »nein« antwortest. Wenn der Interviewer das Gefühl hat, dir alle Antworten aus der Nase ziehen zu müssen, und viele Antworten überhaupt nicht erhält, so musst du dich nicht wundern, wenn du später eine Absage erhältst. Dem Recruiter fehlen möglicherweise schlichtweg genug Fakten (und STARs!), um dich mit all deinen Stärken und Schwächen richtig zu beurteilen.

Auf der anderen Seite solltest du aber auch nicht ohne Punkt und Komma reden. Je mehr du redest, desto mehr »Angriffsfläche« bietest du, und schlussendlich redest du dich dabei um Kopf und Kragen. Der Interviewer möchte auch hier sehen, dass du in der Lage bist, dich auf das Wesentliche zu konzentrieren. Wer zu lange redet, kann dies offenbar nicht, und das lässt Rückschlüsse auf die eigene Arbeitsweise zu.

**PLATTITÜDEN UND STANDARDANTWORTEN** Du solltest niemals irgendwelche Geschichten erfinden, Plattitüden erzählen oder dich mit Adjektiven schmücken, wenn du dazu keine Beispiele nennen kannst. Die Aussage »Ich bin teamfähig und flexibel« ist nichts wert, wenn du sie nicht durch konkrete Beispiele belegen und untermauern kannst. Auch diesbezüglich ist gute Vorbereitung das A und O für ein erfolgreiches Auftreten im Interview!

**KEINE EIGENEN FRAGEN STELLEN** Ganz zum Schluss eines Vorstellungsgesprächs wirst du meistens aufgefordert, Fragen zu stellen. Wer hier nicht vorbereitet ist und sich keine Fragen überlegt hat, zeigt kein richtiges Interesse. Aber Vorsicht, nicht Überflüssiges fragen, was im Gespräch bereits erörtert worden ist. An dieser Stelle beweist du auch, inwieweit du aktiv zugehört hast. Deine Fragen sollten unbedingt sinnvoll sein und sich auf Punkte beziehen, die noch nicht angesprochen worden sind. An klugen Fragen erkennt der Interviewer, dass du dich intensiv mit der Stelle auseinandersetzt und Interesse zeigst. Falsche Fragen wären indes, ob es eine Jobgarantie gibt, inwieweit die

Arbeitszeiten eingehalten werden und ob man häufig Überstunden machen muss. Dies Fragen sind kontraproduktiv und wirken eher abschreckend. Genauso abschreckend ist es aber auch, überhaupt keine Fragen zu stellen.

Das alles sind typische Interviewfehler, die erstaunlicherweise immer wieder auftreten, sich aber so leicht vermeiden lassen. Wer hier ein wenig Benehmen zeigt und gesunden Menschenverstand beweist, wird ohne Probleme durch das Bewerbungsgespräch kommen und sich gleichzeitig von anderen Bewerbern positiv absetzen können. Wichtig ist, dir diese Punkte einmal zu verinnerlichen, dann kann gar nichts mehr schiefgehen.

## ACHTUNG AUFHORCHEN!

Genauso wichtig, wie eigene Fehler zu vermeiden, ist es aber auch, im richtigen Moment aufzuhorchen, wenn der Interviewer etwas sagt, das bei dir die Alarmglocken schrillen lässt. Natürlich hat jeder von uns seine eigenen Kriterien, welche Bedingungen ein Job erfüllen sollte oder wie wir uns einen idealen Arbeitgeber vorstellen. Auch sollte man vorsichtig sein, nicht von einem einzelnen Interviewer Rückschlüsse auf eine ganze Firma zu ziehen. Gefällt uns zum Beispiel das Auftreten eines Interviewers nicht, weil wir ihn unsympathisch, herablassend oder kleinlich finden, dann heißt das nicht automatisch, dass die ganze Organisation genauso tickt. Allerdings gibt es ein paar Dinge, die dich im Interview stutzig machen sollten, oder wo es sich zumindest lohnt, noch einmal genauer nachzuhaken.

Manchmal ist es

klüger

# NEIN

ZU SAGEN!

## 10 K.O.-Kriterien für Arbeitgeber im Jobinterview

1. Du fühlst dich respektlos behandelt, wirst nicht ernst genommen.
2. Die Unternehmenskultur ist zu steif, zu förmlich, zu altbacken … einfach überhaupt nicht deins.
3. Du hast das Gefühl, in diesem Job nichts lernen zu können.
4. Dein zukünftiger Chef ist dir gänzlich unsympathisch.
5. Die Rahmenbedingungen stimmen ganz und gar nicht.
6. Das Umfeld und der Arbeitsplatz sind kein Ort, an dem du dich wohlfühlst oder du selbst sein kannst.
7. Du sollst 24 Stunden rund um die Uhr zur Verfügung stehen, aber dir wird keine Flexibilität entgegengebracht.
8. Dir werden keine realistischen Entwicklungsmöglichkeiten präsentiert.
9. Deine Fragen werden nur zögerlich beantwortet, umgangen, oder du bekommst nicht die Info, die du brauchst.
10. Dein Bauchgefühl stimmt nicht, du fühlst dich nicht wohl, auch wenn du nicht genau sagen kannst, warum.

**JAN THOMAS OTTE, WWW.KARRIERE-EINSICHTEN.DE:** »Schade ist es, wenn man als Kandidat bereits im Jobinterview das Gefühl hat, nur eine Nummer zu sein. Manche Interviewer fixieren sich auf Bestnoten oder Testergebnisse und zeigen überhaupt kein Interesse an der Person. Auch wenn ein Interviewer seine Machtposition ausnutzt und respektlos daherkommt oder lustlos und unmotiviert wirkt, trägt er nicht gerade dazu bei, den Arbeitgeber attraktiv zu machen. Und wenn einem im Jobinterview Versprechungen gemacht werden, die hinterher nicht haltbar sind, dann ist das ein absolutes No-Go.«

**FAZIT** Damit hast du nun alles Rüstzeug an der Hand, um ein grandioses Interview hinzulegen. Dank Jobinterview-Knigge weißt du, wie du einen klasse ersten Eindruck machst und was sich zur Begrüßung gehört. Du kannst dich und deinen X-Faktor kurz und knackig präsentieren, weil du deinen Elevator Pitch parat hast. Deine Körpersprache unterstreicht deinen professionellen Aufritt, anstatt ihn zu sabotieren. Mimik und Stimme hast du voll im Griff. Du kannst sämtliche Interviewfragen souverän nach der STAR-Methode beantworten und überzeugst mit deinen Aussagen zu Technical und Motivational Fit. Deine Fragen beeindrucken den Interviewer ebenso wie dein aktives Zuhören. Du gehst selbstbewusst in die Gehaltsdiskussion und bleibst Interviewprofi bis zum Schluss. Na dann, herzlichen Glückwunsch! – Halt, noch nicht ganz …

# Nach dem **Gespräch**

# *WORAUF ES BEI DER NACHBEREITUNG ANKOMMT*

## EINLEITUNG

ES IST GESCHAFFT, DAS JOBINTERVIEW HAST DU HINTER DIR. UND EGAL, WIE DIE BEWERBUNG AUSGEHEN WIRD, NIMM DIR DIE ZEIT, DICH FÜR DAS INTERVIEW ZU BELOHNEN! GÖNN DIR EIN EIS, SETZ DICH EIN PAAR MINUTEN IN DIE SONNE, KAUF DIR EIN BUCH ODER VERABREDE DICH FÜR DEN ABEND MIT FREUNDEN. DIESE KLEINE AUSZEIT HAST DU DIR VERDIENT, BEVOR DU DIR SELBER FEEDBACK GIBST UND DIE ENTSPRECHENDE NACHBEREITUNG IN ANGRIFF NIMMST. DAMIT DU NACHHALTIG EINDRUCK MACHST UND SICH DIE INTERVIEWER AUCH IN EINER WOCHE NOCH AN DICH ERINNERN, SOLLTEST DU EIN WENIG NACHHELFEN.

Mit dem Interview allein ist es noch nicht getan. Zum einen solltest du die frischen Eindrücke vom Gespräch nutzen, dich für mögliche Folgeinterviews fit zu machen. Zum anderen ist dies der Zeitpunkt, dir zu überlegen, ob nicht nur du den Arbeitgeber überzeugt hast, sondern auch andersrum! Willst du überhaupt in dieser Firma arbeiten? Wenn ja, unter welchen Bedingungen? Wenn nein, wie sagst du ab, ohne dir etwaige zukünftige Chancen zu verbauen? Ein paar Entscheidungshilfen, Fragen zur Reflexion und Absagetipps bekommst du hier.

# Danke oder Nein, danke?

Wie heißt das Zauberwort? Richtig: Danke. Ganz egal, wie der Prozess weitergeht – bevor du irgendetwas anderes im Rahmen der Interviewnachbereitung tust, schickst du deinem Gesprächspartner ein Dankeschön. Am besten per E-Mail oder über ein soziales Netzwerk.

Wenn du noch nicht mit dem Interviewer verlinkt bist, ist das Dankeschön nach dem Einstellungsgespräch ein gegebener Anlass. Allerdings gehört diese Art des Kontakts nur in ein professionelles Netzwerk. Auch wenn du die Person zufällig auf Facebook findest, ist das nicht der passende Ort, Berufliches mit privaten Freizeitaktivitäten zu vermischen.

Beinahe wichtiger als der Dank an sich ist aber, dein Interesse an der Vakanz zu bekräftigen, und zwar in Form einer (kurzen!) freundlichen und höflichen Nachricht. Diese »Dankesnachricht« schickst du am besten ein oder zwei Tage nach dem Gespräch. Wenn sich noch ein persönlicher Satz einflechten lässt, der auf das Interview Bezug nimmt, kannst du dich mit einer persönliche Note im Schreiben noch einmal positiv in Erinnerung bringen.

**BEISPIEL**

*Sehr geehrter Herr Dr. Lehmann,*

*ich bedanke mich noch einmal für Ihre Zeit und das freundliche Gespräch gestern. Es hat mein Interesse an der Marketing Assistant Position in Ihrer Abteilung bestärkt, und ich freue mich darauf, bald von Ihnen zu hören. In der Zwischenzeit würde ich mich gern hier auf XING mit Ihnen vernetzen. Für die Messe am Wochenende wünsche Ihnen und dem Team gutes Gelingen und viel Erfolg.*

*Mit freundlichen Grüßen*
*[Name]*

## WUNSCHARBEITGEBER JA ODER NEIN? – EINE ANALYSE

Personalberaterin Heike Anna Krüger ist Inhaberin der OpenPlayer GmbH und rät, sich nach dem Interview einen Moment Zeit zu nehmen und sich Notizen über den Gesprächsverlauf zu machen. Dabei geht es im ersten Schritt mehr um deinen spontanen Eindruck und erst im zweiten um eine gründliche Analyse. Diese Notizen sind hilfreich, um dein eigenes Auftreten in möglichen Folgeinterviews zu optimieren, und dank ihnen kannst du dir das Gespräch auch noch Tage später wieder detailgetreu ins Gedächtnis rufen. Das ist besonders dann von Vorteil, wenn du zurzeit mehrere Bewerbungen bei unterschiedlichen Firmen laufen hast.

### Na, wie war ich? – Eine Selbstreflexion

Bevor du tiefer in die Analyse einsteigst, spüre einen Moment in dich hinein und hör auf dein Bauchgefühl. Wie lief es heute? Auf einer Skala von 1 bis 10, wie würdest du die Interviewerfahrung von heute bewerten? Steht deine persönliche Gefühlsampel zum weiteren Verlauf dieser Bewerbung auf Rot, Gelb oder Grün? Wie bist du mit dir selbst und deinem Auftreten zufrieden? Dabei geht es nicht um eine vernichtende Selbstkritik, sondern lediglich um eine kleine Kurskorrektur und vor allem darum, die positiven Aspekte dieser Interviewerfahrung hervorzuheben. Irgendwas ist *immer* gut gelaufen. Wenn du dein Bestes gegeben hast, sei nachsichtig mit dir und belohne dich auch für kleine Erfolge!

- Was lief gut in diesem Interview oder an diesem Interviewtag?
- Wenn du das/die Interview(s) noch einmal durchlaufen könntest, was würdest du anders machen? Welche fehlenden Antworten würdest du dir fürs nächste Mal zurechtlegen?
- Was hast du richtig gut hinbekommen, sodass du es beim nächsten Mal wieder ganz genauso machen würdest?
- Was hat dir geholfen, um dich heute von deiner besten Seite zeigen zu können, sodass du diese Voraussetzungen in Zukunft wieder für dich schaffst?
- Wie hast du deine größten Pluspunkte in Bezug auf Qualifikation und Motivation vermitteln können?
- Wie haben dir Körpersprache, Mimik und Stimme dabei geholfen, souverän rüberzukommen?
- Nach dieser Erfahrung, welche Tipps würdest du deiner besten Freundin oder deinem besten Freund für deren nächstes Vorstellungsgespräch mit auf den Weg geben?

## Will ich in dem Laden wirklich arbeiten?

Im zweiten Schritt der Interviewauswertung richtest du den Fokus nun auf den Arbeitgeber und die Frage: Willst du einen Teil deiner wertvollen Lebenszeit in diesem Job verbringen und tatsächlich für dieses Unternehmen arbeiten? Stell dir die folgenden Fragen und notiere dir stichpunktartig deine Antworten:

- Glaubst du, ins Unternehmen zu passen? (Teamstruktur, Arbeitsweise, Athmosphäre)
- Stimmt die Unternehmenskultur mit deinem Stil überein?
- Kannst du deine persönlichen Werte in diesem Unternehmen ausleben?
- Allgemeine positive/negative Eindrücke?
- War Sympathie beziehungsweise Antipathie im Gespräch zu spüren?
- Warum ist dies die richtige Position für dich?
- Sind die Aufgaben und Rahmenbedingungen des Jobs genügend erläutert worden, und passen sie zu dir?
- Wirst du deine beruflichen Ziele in dieser Firma umsetzen können?
- Sind irgendwelche Fragen unbeantwortet geblieben, die in einem weiteren Gespräch geklärt werden sollten?
- Was sollte in einem weiteren Gespräch deutlicher hervorgehoben werden? (Stärken, Erfahrungen, Qualifikation)

Fragen wie diese helfen dir, objektiv zu beurteilen, ob die Stelle wirklich zu dir passt oder eben nicht. Auch Gespräche mit Freunden oder Familie sind ab und zu hilfreich, die erlebte Interviewerfahrung Revue passieren zu lassen. Menschen, die dich gut kennen, lesen in deinem Gesicht oder hören deiner Stimme an, ob du überzeugt bist oder Zweifel hast, selbst wenn du selbst glaubst, es noch nicht zu wissen.

Auch wenn du noch nicht hundertprozentig sicher bist, ob dieser Job der richtige für dich ist: Statt vorschnell abzusagen, ist es immer besser, mindestens eine Nacht darüber zu schlafen, bevor du eine endgültige Entscheidung triffst. Wenn der Arbeitgeber Interesse an einer Zusammenarbeit signalisiert hat, du aber noch Zweifel hast, kann zur Entscheidungsfindung auch ein weiteres Gespräch vereinbart werden. Offene Fragen können somit geklärt werden, und weitere Erklärun-

**Was, wenn ich mich nicht entscheiden kann?**

gen seitens des Unternehmens bringen dir mehr Klarheit. Gegebenenfalls besteht auch die Möglichkeit, zukünftige Kollegen zu treffen und dich mit ihnen auszutauschen, die Räumlichkeiten anzuschauen, die Atmosphäre in der Firma auf dich wirken und dir Bedenkzeit einräumen zu lassen.

**HEIKE ANNA KRÜGER:** »Eine weitere sehr effektive Methode, die Bewerbern hilft, zu einer stimmigen Entscheidung zu kommen, ist die Technik der Visualisierung. Durch die möglichst konkrete Vorstellung von sich selbst im Unternehmen, von der Zusammenarbeit mit Kollegen und Vorgesetzten, dem Büro, den Aufgaben, kann er sich vor seinem geistigen Auge in sein zukünftiges Arbeitsumfeld hineinversetzen und sich anschließend fragen: Hab ich Lust, hier zu arbeiten?«

Wenn gar nichts mehr geht, hilft dir eine gute alte Pro-und-Kontra-Liste: Nimm ein Papier und teile es in zwei Spalten auf. Links schreibst du alle Gründe auf, die dafür sprechen, diesen Job anzunehmen, rechts alle Gründe, die dagegen sprechen. Spätestens jetzt hast du schwarz auf weiß vor Augen, wie du dich der Logik nach entscheiden *müsstest*. Wenn du dich trotzdem nicht zu einer Entscheidung durchringen kannst, dann ist es im Zweifelsfall kein Ja. Denn wenn du dich scheinbar selbst überreden musst, bist du nicht wahrhaftig überzeugt, und dann ist es besser, letztlich auf deine Intuition zu hören.

P.S.: Selbst wenn du den Job annimmst und bald feststellst, dass es nicht die richtige Entscheidung war, hast du immer noch die Möglichkeit, innerhalb der Probezeit relativ unkompliziert und schnell wieder zu gehen. Dafür ist die Probezeit ja da. Also mach dich nicht verrückt!

# ICH WILL DA NICHT HIN!

Okay, du hast dich also nach gründlichem Abwägen dazu entschieden, dass du deine Arbeitsleistung in dieser Firma nicht wirklich einbringen möchtest. Vor dem Hintergrund, dass man sich meist zweimal im Leben sieht und die Welt ein globales Dorf ist, will auch eine Absage deinerseits gut durchdacht beziehungsweise richtig gemacht sein.

Also lieber anrufen oder eine E-Mail schicken? Auch wenn es nicht wirklich ein Patentrezept gibt und eine Mail zu schreiben vielleicht einfacher, weil weniger persönlich ist, empfiehlt Personalberaterin Heike Anna Krüger einen Anruf: So, wie du als Bewerber nach einem Gespräch die mündliche Kommunikation im Sinne der Wertschätzung bevorzugst, solltest auch du den telefonischen Kontakt für deine Absage wählen. Der richtige Zeitpunkt für deine Rückmeldung hängt davon ab, was im Gespräch vereinbart wurde. Wenn kein genauer Zeitrahmen abgemacht wurde, melde dich am besten innerhalb einer Woche nach dem Interview.

Heike Anna Krüger betont, dass hierbei nicht nur das inhaltliche »Was«, sondern vor allem auch das »Wie«, also der Ton, bedeutsam ist. Wichtig ist, nicht unhöflich oder gar arrogant rüberzukommen. Wenn du klare Fakten nennen kannst, warum es für dich nicht passt, umso besser. Bei einer diffusen Bauchentscheidung solltest du dir vor der Kontaktaufnahme eine Argumentation zurechtlegen.

**Ja, aber was genau soll ich denn nun sagen?**

**HEIKE ANNA KRÜGER:** »Wenn einem ›nur‹ etwas im konkreten Zusammenhang mit der Stelle, den Arbeitsinhalten, dem Team oder den Vorgesetzten nicht gefallen hat, man sich ansonsten aber eine Zusammenarbeit vorstellen könnte, dann ist das erklärte Ziel, sich die Tür zum Unternehmen für potenzielle spätere Möglichkeiten offen zu halten und möglichst in Kontakt und informiert zu bleiben.«

## Platz für deine Notizen

# Richtig nachfassen

Ein anderes Szenario: Du willst den Job. Auf jeden Fall. Und kannst es kaum abwarten, bis dir die Firma eine Rückmeldung zum Interview gibt. Du sitzt auf glühenden Kohlen, checkst ständig dein Smartphone. Aber es passiert – nichts. Dabei hattest du eigentlich ein gutes Gefühl, und die wollten sich doch auch umgehend melden!

Wann ist denn nun der richtige Zeitpunkt, nachzufassen? Heike Anna Krüger weiß es. Von ihr stammen die nachfolgend aufgelisteten Dos and Don'ts.

## Dos beim Nachfassen

- Wenn kein Zeitraum für eine Rückmeldung vereinbart war und nach dem Interview mehr als zwei Wochen vergangen sind, ist es angebracht, mal nachzufragen. Dies darf durchaus auch telefonisch sein!
- Achtung: Wenn ein Zeitraum genannt wurde, in dem sich das Unternehmen melden wollte, auf jeden Fall diese Frist abwarten, auch wenn es sich dabei um lange vier Wochen handelt! Möglicherweise wurde man selbst gleich zu Beginn der Bewerbungsfrist interviewt und es stehen noch viele andere Interviews aus. Auf keinen Fall drängeln!
- Es wurde ein Zeitrahmen gesteckt, und dieser ist nun um – trotzdem besser noch ein bisschen abwarten. Wenn man eine Woche nach der vereinbarten Periode noch keine Rückmeldung bekommen hat, dann

gerne nachfragen. Die Maxime heißt: Geduldig sein, aber auch den Eindruck von Desinteresse vermeiden.

### Don'ts beim Nachfassen

- Die Personalabteilung binnen weniger Stunden oder Tage nach dem Gespräch anzurufen und zu fragen, ob beziehungsweise wie es im Prozess weitergeht, ist so gut wie ein K.O.-Kriterium.
- Mit einer genervten »Sie wollten doch schon vor drei Tagen Bescheid geben«-E-Mail tut man sich keinen Gefallen. Generell ist eine vorwurfsvolle, ungeduldige oder verzweifelte Haltung eher kontraproduktiv.
- Personalverantwortliche mit dem Hinweis auf Angebote anderer Unternehmen unter Druck zu setzen ist ebenfalls weniger ratsam. Selbst wenn es der Wahrheit entspricht, dass man ein anderes Angebot vorliegen hat, und eine Entscheidung drängt, unbedingt zurückhaltend und höflich bleiben. Lieber anrufen und die Lage persönlich erklären, als E-Mails zu schreiben.

## ABSAGE ERHALTEN? – SHIT HAPPENS

Mal ehrlich: Eine Absage ist kein Weltuntergang. Natürlich ist es enttäuschend bis frustrierend oder gar todtraurig, besonders wenn du den Job wirklich – *wirklich* – wolltest und dich bereits mit dem Arbeitsvertrag in der Tasche gesehen hast. Aber das Ende der Welt ist es nicht. Es kann eine Vielzahl von Gründen geben, warum es diesmal nicht geklappt hat.

## Gut, aber nicht gut genug

Am einfachsten ist eine Absage zu verdauen, wenn es offensichtliche Diskrepanzen zwischen den Stellenanforderungen und deinem Bewerberprofil gibt. Erfüllst du einige Schlüsselqualifikationen nicht, fehlt dir die nötige Erfahrung oder passt du nicht wirklich zum Unternehmen, kannst du das noch am ehesten wegstecken, weil du dann langfristig in dem Job sowieso nicht glücklich geworden wärst. Wenn dir dieses Feedback klar kommuniziert wird, hast du sogar noch Glück. So mancher Kandidat tappt eher voll und ganz im Dunkeln, da die Standardfloskeln in Absageschreiben meist neutral und nichtssagend sind. Dann hilft manchmal ein Perspektivenwechsel: Versuche, dich in die Position des Hiring Managers hineinzuversetzen, der dich interviewt hat. Ganz ehrlich – würdest du dich nach dem Gesprächsverlauf selbst einstellen?

**Kann ich nach den Gründen für meine Absage fragen?**

Nachfragen kannst du immer – sei aber darauf gefasst, vielleicht trotzdem keine zufriedenstellende Antwort zu bekommen. Die Chance auf ein ehrliches Feedback ist in einem Telefongespräch immer noch am größten, aber auch das ist kein Garant. In manchen Kulturkreisen ist es auch grundsätzlich unüblich, dass derartiges Feedback kommuniziert wird. Der Hintergrund, warum Firmen mit Interviewfeedback so zurückhaltend sind, liegt vor allem in der Angreifbarkeit begründet. Die Einschätzung, ob jemand für einen Job geeignet ist, ist trotz aller Methodik und besten Absichten immer noch stark subjektiv. Deshalb hörst du auf Nachfragen meist nur die pauschale Erklärung, dass es andere Kandidaten gab, die dem Anforderungsprofil noch besser entsprochen haben. Das ist aber oft nur die halbe Wahrheit, denn auch Personaler scheuen sich, die tatsächlichen Ablehnungsgründe zu nennen. Stattdessen ziehen sie sich viel lieber auf allgemeine, nicht nachprüfbare Aussagen zurück.

## Alle Anforderungen erfüllt – was wollen die denn noch?

In diesem Zusammenhang ist es wichtig, dir klarzumachen, dass du sogar dann eine Absage erhalten kannst, wenn es ein super Gespräch war, bei dem alles gepasst hat (Inhalt, Sympathie, Konditionen und so weiter). Die Gründe für eine Absage liegen halt nicht immer in deiner Person begründet, sondern können ganz unterschiedlicher Natur sein:

- die Stelle ist inzwischen intern besetzt worden;
- das Budget für die Position wurde gestrichen;
- das Anforderungsprofil hat sich seit Ausschreibungsbeginn verändert, weil die Abteilung umstrukturiert wurde;
- ein anderer Kandidat bringt Pluspunkte (z.B. eine zusätzliche Sprache, bestehende Kundenkontakte o.Ä.), die zwar nicht gefordert sind, aber als »Bonus« den Ausschlag geben;
- ein anderer Bewerber wurde eingestellt, obwohl eure Ausbildungen, Erfahrungen und Qualifikationen so gut wie gleichwertig sind, er aber durch sein Auftreten/Verhalten mehr überzeugt hat.

Tatsächlich ist es in der Praxis so, dass manchmal mehr als nur ein geeigneter Kandidat für eine Vakanz gefunden wird. Dann hat der Hiring Manager die Qual der Wahl, und letztlich entscheiden kleine Nuancen zugunsten des einen oder anderen, und das Unternehmen findet es selber schade, dass sie nicht genug offene Stellen haben, um allen Bewerbern einen Vertrag anzubieten.

## Was lerne ich aus der Absage?

Egal, ob du nun vom Arbeitgeber ein klares Feedback bekommst oder nicht, es entbindet dich nicht von der Verantwortung einer kritischen Reflexion deines Anteils am Jobinterview. Die (hohe) Kunst ist es, eine Balance zu finden zwischen unkritischem Denken à la »Ich bin doch top, warum stellen die Deppen mich nicht ein?« und melodramatischem Selbstmitleid: »Schon wieder eine Absage, ich bekomme nie eine Stelle!« Mit anderen Worten, nimm die Absage nicht zu persönlich, aber

**hinterfrage den Gesprächsverlauf und überlege proaktiv, was du im nächsten Interview anders machen kannst.**

**HEIKE ANNA KRÜGER, PERSONALBERATERIN:** »Man sollte bedenken, dass ein Interview ein erster Schritt zum neuen Job ist, aber noch lange keine Garantie, dass es mit der Anstellung klappt. Gerade aus verpatzten Sequenzen kann man einiges an Lerneffekten mitnehmen. Wenn das Unternehmen ein aussagekräftiges Feedback gibt, umso besser, dann kann man das in seine weitere Bewerbungsstrategie einbauen. Auch hier gilt, bei aller verständlichen Enttäuschung, unbedingt höflich bleiben und keine Vorwürfe zu äußern. Eventuell ergibt sich sogar in diesem Unternehmen später noch eine zweite Chance, und die möchte man sich doch nicht verbauen. Außerdem wechseln auch Interviewer die Stelle. Ein Wiedersehen an einem anderen Ort ist durchaus möglich!«

**Manchmal hat es einfach nicht sollen sein. Und dann nur, weil an anderer Stelle eine viiiel bessere Karrierechance auf dich wartet!**

**FAZIT** Mit der richtigen Interviewnachbereitung erhöhst du nicht nur deine Chancen, sondern wirst dir auch selber darüber klar, ob dieser Job der richtige für dich ist. Statt dich über Fehler und Absagen zu ärgern, solltest du lernen, einen Nutzen aus ihnen zu ziehen, damit du gelassener und souveräner ins nächste Gespräch gehen kannst. Das erhöht die Chancen auf eine Anstellung enorm.
Viel Spaß und Erfolg im neuen Job!

# Anhang

## FAQS

Du hast morgen ein Jobinterview und keine Zeit mehr, das ganze Buch zu lesen? Ypsilonerin Nicole Alexy stellt die wichtigsten Fragen, die Seitenzahlen verweisen dich direkt auf die Antwort im Buch.

## LÖSUNGEN STAR-QUIZ

1c eigene Meinung
2b es fehlt die Aktion
3b es fehlt das Resultat
4c vage Antwort
5a vollständiger STAR

# Die Autorin und die Experten

## DIE AUTORIN

**MARTINA MANGELSDORF** ist Inhaberin von GAIA Insights, einer Firma, die sich ganz auf die Generation Y spezialisiert hat. Sie berät internationale Unternehmen in Bezug auf Rekrutierung, Führungskräfteentwicklung und Mitarbeitermotivation, hält Vorträge und Seminare zum Thema und verhilft unterschiedlichen Generationen zu einem effektiveren Umgang miteinander am Arbeitsplatz. www.gaia-insights.com, www.generationy.com

## DIE EXPERTEN

**ALISON BARBER,** MCIPD, ist als Personalreferentin in der internationalen pharmazeutischen Industrie am Standort Basel in der Schweiz tätig. Derzeit verantwortet sie als Head Staffing Global Development, World Wide Franchises und Global Functions diverse Rekrutierungsaktivitäten. Sie sieht es als Privileg, in Partnerschaft mit den Geschäftsbereichen, talentierten Mitarbeitern zu helfen, ihre Karriere im Gesundheitssektor und letztlich zum Wohle von Patienten zu verwirklichen.

**ANNE KRÄUCHI,** Dozentin, Moderatorin, Karriereberaterin, Pädagogin. »Substanz entscheidet«, das ist ihr berufliche Selbstverständnis, immer wenn es um Fragen von Kommunikation,

Knigge und Karriere geht. Engagierte Trainerin und Beraterin u.a. für die Deutsche Bahn, Sparkassen und Lehrbeauftragte an diversen Hochschulen. Als Unternehmerin mit der Firma Imagecoaching seit 1991 aktiv. www.imagecoaching.de, www.knigge-live.de

**CHRISTOPH WEISSENBÖCK** beschäftigt sich von Berufs wegen mit Human-Resources-, Recruiting- und Karrierethemen. Bei karriere.at, Österreichs größtem Jobportal, ist der studierte Kommunikationswissenschaftler für Unternehmenskommunikation zuständig und schreibt regelmäßig Beiträge für das karriere.blog. Davor war er Redakteur bei österreichischen Tages- und Wochenzeitungen. Schreiben ist für ihn mehr als nur ein Job. www.karriere.at

**DIANA GRABOWSKI** Nach fünf Jahren als Marketingmanager in der freien Wirtschaft, viel Stress und kaum Erholung, überstand Diana Grabowski vor einigen Jahren eine schwere Erkrankung und landete in einem neuen Leben: in einem viel erfüllteren und glücklicheren Leben. Sie fand heraus, dass es ihr ein innerer Wunsch ist, Menschen auf ihrem Weg zu mehr Glück und Gesundheit zu unterstützen. www.gluecklichundgesund.com, www.ideenhelden.de

**DIRK SIEFKEN** studierte Jura in Göttingen, Berlin und Christchurch (Neuseeland) und arbeitet seit 14 Jahren im internationalen Personalbereich. Nach seinen Anfängen als Headhunter und Personalberater in Deutschland war er vier Jahre lang als Recruiter für ein US-amerikanisches Unternehmen in Spanien tätig. 2007 zog er in die Schweiz und ist seit 2009 Head of Human Resources für ein mittelständisches Unternehmen, das weltweit aktiv ist. www.wolffkran.com

**HEIKE ANNA KRÜGER** hat einen Master in Wirtschaftspädagogik absolviert und ist seit 15 Jahren in verschiedenen Rollen (u.a. Leiterin Personalauswahl, Partnerin Personalberatung, Karriere-Entwicklerin) im HR Consulting tätig. Durch die Zusammenarbeit mit bekannten internationalen Unternehmen hat sie profundes Insiderwissen erlangt. Sie ist Geschäftsführerin der OpenPlayer GmbH und vernetzt innovative HR-Dienstleister mit Unternehmen. www.openployer.com

HEIKE HÜBNER, gelernte Schauspielerin, Gastengagements an verschiedenen Theatern, Coaching einer Laientheatergruppe. Interessiert sich für körperliche sowie geistige Prozesse querbeet, ist offen für viele Ernährungskonzepte und Lebensphilosophien, frei nach dem Motto: »Take the best and leave the rest.« Seit 2011 Jahren bloggt Heike Hübner mit ihrem Mann Stefan Ansahl über ihre Erfahrungen. www.gruenesmoothies.org

ILENE BERGELSON studierte Theaterwissenschaft und war als Künstlerin am Broadway, in Film und Fernsehen aktiv, bevor sie sich entschloss, ihre Kenntnisse rund um (Bühnen-)Präsenz und Kommunikation im Rahmen von Coachings an Führungskräfte weiterzugeben. Sie gründete Lifemoves Health in New York City und entwickelte mit EmpowerSpeak™ ein Trainingkonzept, das Fachwissen, Körperbewusstsein und Bewegung vereint. www.lifemoveshealth.com

IRENE GARNICH ist Talent- und Karrierecoach und arbeitet mit Jugendlichen und Erwachsenen, die ihren beruflichen Weg mithilfe ihrer Talente (neu) gestalten möchten. Mit ihren Klienten entwickelt sie gegebenenfalls auch unkonventionelle Berufswege. Wichtig sind ihr die persönliche Note und individuelle Visionen. Ihr Motto lautet: Für die persönliche Entwicklung gibt es keine Grenzen! www.garnich.info

IVANA BALZANO aus Zürich arbeitet derzeit als Psychologin in der Integrierten Psychiatrie Winterthur. Zuvor war sie acht Jahre im HR-Bereich tätig. Sie arbeitete im Recruiting, Talent Management & Organisational Development und später im Learning & Development bei Novartis und Google. 2012 begann sie eine Postgraduale Weiterbildung (MAS) in Psychotherapie mit kognitiv-behavioralem und interpersonalem Schwerpunkt.

**JOANNA GAUDOIN** ist Inhaberin der in London ansässigen Agentur Inside Out. Nach einigen Jahren im Recruitment, im Marketing und in der Beratung hat sie sich zum Image Coach ausbilden lassen. Joanna Gaudoin hilft ihren Kunden ihr persönliches Image – äußere Erscheinung, Körpersprache und Kommunikation – zu optimieren. All diese Aspekte sind wichtig, um im Jobinterview zu überzeugen und durch einen besseren ersten Edinruck dem Traumjob ein Stück näher zu kommen. www.insideoutimage.co.uk

**KAROLINA WARKENTIN** ist seit April 2014 Mitglied im Team des Blogs karrierebibel.de. Gemeinsam mit Jochen Mai und Christian Müller schreibt sie über Job und Karriere. Dabei liegt ihr Schwerpunkt auf den Themen Ausbildung, Studium und Berufsanfang. Davor studierte sie Politikwissenschaft und Empirische Sprachwissenschaft an der Johann Wolfgang Goethe-Universität in Frankfurt. www.karrierebibel.de

**NICOLE ALEXY** promoviert in München am Lehrstuhl für Internationales Management und erforscht die Generation Y wissenschaftlich. Dabei interessiert sie, welche Besonderheiten die Ypsiloner im Berufsleben zeigen und welche Konsequenzen daraus für die Wirtschaft resultieren. Als Mitglied dieser Generation berät sie Unternehmen und hält Vorträge zur Generation Y und den Generationsunterschieden. Sie twittert rund um die Generation Y unter @Alexy_Nicole.

**ORLANDO MEYER** hat an der Universität Zürich Rechtswissenschaften studiert und 1994 das zürcherische Anwaltspatent erworben. Nach einer 20-jährigen Karriere im internationalen Human Resources Management in verschiedenen Branchen eröffnete er seine auf Arbeitsrecht und Datenschutz spezialisierte Anwaltskanzlei in Basel. Er vertritt Arbeitgeber wie Arbeitnehmer in arbeitsrechtlichen Angelegenheiten. www.orlandomeyer.ch

**PATRICK SCHEUERER** ist Mitgründer und Geschäftsführer der Xpreneurs GmbH, einer Beratungs- und Coachingfirma, die sich auf Potenzialentfaltung bei Individuen, Teams und Unternehmen spezialisiert hat. Er hat seine Karriere in der IT-Branche begonnen und nach ein paar Jahren den Schwenk zur Organisationsenwicklung und zum systemischen und lösungsorientierten Coaching gemacht. Er bloggt unter blog.xpreneurs.co

**PROF. DR. CHRISTOPHER WEILAGE** ist Professor an der Munich Business School im Bereich International Business und Leiter des MBA International Management Programms. Er unterrichtet seit 2002 in Deutschland Kurse im Bereich Human Ressource Management mit einem Schwerpunkt auf Personalauswahl und Business Communication. Auf Basis von zwei MBAs in USA und Finnland promovierte er an der LMU in München zum Thema Wissenstransfer im eLernen. www.munich-business-school.de/

MIX
Papier aus verantwortungsvollen Quellen
FSC
www.fsc.org
FSC® C089473

ISBN 978-3-593-50255-7


UMSCHLAGILLUSTRATION: CELINA BÖNING, BERLIN
UMSCHLAGGESTALTUNG: TOTAL ITALIC, THIERRY WIJNBERG, AMSTERDAM/BERLIN UND CELINA BÖNING, BERLIN
GESTALTUNG UND LAYOUT: INSTITUT FÜR BUCHGESTALTUNG, BIELEFELD; PROF. DIRK FÜTTERER, MARCEL HILLEBRAND, JOANA NITSCHKE, MONA TIEMANN
SATZ: PUBLIKATIONS ATELIER, DREIEICH
GESETZT AUS VITESSE, GRETA UND LETTER GOTHIC
DRUCK UND BINDUNG: BELTZ BAD LANGENSALZA
PRINTED IN GERMANY

DIESES BUCH IST AUCH ALS E-BOOK ERSCHIENEN.
WWW.CAMPUS.DE